RECUEIL

DE

DIF FERENTS MEMC

SUR LA

TOURMALINE

publié par

Mr. FRANC. ULR. THEOD. AEPINUS,

Conseiller des Colleges de Sa Maj. Impériale, Professeur
en Physique de l'Academie Imp. des Sciences à St.
Petersbourg, Directeur des Etudes du noble Corps
des Cadets, et Membre des Académies de Berlin,
de Stockholm et d'Erfurth.

à St. Petersbourg

de l'Imprimerie de l'Académie des Sciences
1762.

A SA MAJESTÉ

L'IMPERATRICE

CATHERINE

ALEXIEVNA

SOUVERAINE

DES TOUTES LES RUSSIES

etc. etc. etc.

A SA MAJESTÉ

L'IMPERATRICE

CATHERINE

ALEXIEVNA

SOUVERAINE

DES TOUTES LES RUSSIES

etc.   etc.   etc.

MADAME,

Qu'il foit un degré d'admiration et d'étonnement, qui étouffe, fi je puis dire ainfi, celui qui le fent, c'eft ce, que j'ai éprouvé toutes les fois que les ouvrages du puiffant Auteur de la Nature m'ont ravi en extafe.

Que la joye dans une ame fenfible puiffe monter au même

degré,

degré, c'eſt ce que j'ai appris lorsque Votre Majeſté Impériale *daigna accepter avec une* bonté, *dont je n'aurois jamais* oſé me flatter, une de mes productions, qui a pour objet ce que la Nature a de plus grand.

Ces deux ſentimens ſe ſont renouvellés et reunis en moi dans toute leur force, au moment où je me ſuis jetté la premiere fois aux piés de Votre Majeſté Impériale, *après* Son heureux avenement au Throne. Le courage heroique, avec lequel Votre Majeſté a ſauvé la Patrie, m'a rempli d'un pareil étonnement, et la perſpeÊtive des tems à venir, où tant

tant de millions d'hommes de-
vront leur bonheur à Votre
Majefté, m'a fait éprouver le
même degré de joye.

Ce bonheur ne fe borne pas
aux fideles Sujets de Votre Majefté Impériale; il s'étend à
tous les hommes. Par la pro-
tection, que Votre Majefté accorde aux Sciences, Elle s'ap-
propriera le glorieux titre de
Bienfaitrice du genre humain.

Cette confideration m'infpi-
re la hardieffe, de mettre à
Ses piés ce recueil de pieces,
qui concernent une merveille
de la Nature, dont j'ai fait la
decouverte. J'ofe efperer, que
)(4

l'ar-

l'ardent desir de prouver à Votre Majesté Impériale mon zelé constant pour le progrès des Sciences m'en fera obtenir le pardon.

Je suis avec la plus profonde veneration

MADAME

DE VOTRE MAJESTÉ IMPÉRIALE

à St. Petersbourg,
ce 13 Juillet, 1762.

le très soumis, très obeïssant
et très fidele Serviteur et Sujet,

F. V. T. AEPINUS.

AVANT-PROPOS.

L'extrème rareté de la *Tourmaline*, est caufe fans doute, que malgré toute l'application, que les Naturaliftes ont donnée depuis près de 30 ans aux recherches de l'Electricité, cette pierre fingulière m'ait procuré encore affés de champ, pour faire les découvertes nouvelles et intereffantes, dont les Lecteurs trouveront ici le détail.

Plus d'une raifon m'a engagé à publier ce recueil de différents memoires fur la *Tourmaline*. Les propriétés, que j'ai trouvées dans cette pierre, me paroiffent fi furprenantes, que je les ai jugé

X 5

dignes

dignes de toute l'attention des Naturaliftes, et je me fuis crû obligé par conféquent de faire part au Public de mes
découvertes par une defcription détaillée
et fuffifante.

Il y a outre cela une raifon, qui me
rend ces découvertes infiniment cheres,
et qui me fait fouhaiter en même tems
qu'elles foient généralement connûes. La
Tourmaline m'a fourni l'occafion de m'appercevoir de la reffemblance des effets
électriques et magnétiques; reffemblance,
que je me flatte d'avoir prouvée d'une façon
presque convaincante, dans le difcours,
que j'ai lû dans une Affemblée publique
de l'Académie, l'an 1758, et publié en
Latin, fous le titre: *Sermo academicus
de fimilitudine vis electricae et magneticae.* Enfin la *Tourmaline* m'a conduit à
cette Théorie de l'Aimant, que j'ai expliquée au long dans mon livre: *Tentamen Theoriae Electricitatis et Magnetismi,* publiée l'an 1759, Théorie, que je fuis
porté de croire quelque chofe de plus
qu'une

qu'une fimple hypothèfe, voïant qu'elle quadre fi bien à tous les phénomènes de l'Aimant et à toutes les loix connües des opérations de la Nature.

Une troifiéme raifon encore , me porte à communiquer ces écrits. *Mr. le Duc de Noya Caraffa* dans une petite piéce, imprimée à Paris l'année 1758, revoque en doute quelques-unes de mes découvertes. Le chemin le plus court de finir ces débats, eft de donner une defcription éxacte de la façon, dont je fais mes expériences. Mr. mon Antagonifte ainfi que d'autres Naturaliftes feront en état par là de les réiterer, et cela fuffira pour prouver l'évidence de mes découvertes.

J'ai compofé la premiére des brochures, qu'on trouve ici, au commencement de l'année 1757. à Berlin, en Allemand, et je l'y ai lüë à l'Académie des Sciences, qui lui fit l'honneur de la communiquer au public par une traduction Françoife, dans fes Mémoires de 1756.

1756. J'ai fait cette differtation dans un tems, ou j'étois occupé des preparatifs de mon voïage pour St. Petersbourg. L'embarras, dans lequel je me trouvois, fût caufe peut-être, que je ne m'étois pas exprimé affes clairement par tout, pour que le Traducteur pût deviner bien mes penfées. Je trouve du moins beaucoup de chofes dans cette traduction, faite en mon abfence, qui ne font pas conformes à mes idées. Je la donne ici de nouveau, mais avec beaucoup de changemens, et je prie mes lecteurs de juger de mes opinions et de mes idées, plûtot fur l'édition préfente, que fur celle qui fe trouve dans les Memoires de Berlin.

J'ai compofé la feconde piéce, contenuë dans ce recueil bientôt après mon arrivée à Petersbourg, auffi en Allemand. Elle étoit pareillement deftinée pour la célèbre Académie de Berlin, mais ne l'y aïant pû envoïer, je la communique à préfent. Elle eft fans doute plus

interef-

intereffante que la premiére, et je prie mes lecteurs, de l'honnorer préferablement de leur attention. Elle contient un détail exact de toutes les expériences, que j'ai faites avec la *Tourmaline*, et de la façon dont je m'y prends. Elle fera juger particuliérement de la juftefse ou de la fauffeté de mes obfervations.

La troifiéme piéce eft un fupplément de la précédente. Elle contient quelques réfléxions, et quelques nouvelles expériences électriques affés remarquables, qui ont rapport à la matière, que je traite.

La quatriéme piéce eft une *Lettre de Mr. le Duc de Noya Caraffa*, qui ayant eu occafion l'année 1758. d'acheter deux petites *Tourmalines* à Amfterdam, s'en eft fervi pour faire à Paris des expériences, dans une focieté de plufieurs perfonnes habiles et célèbres. Il a décrit ces expériences dans une petite piéce de 4 feuilles et demie in quarto, fous le titre de *Lettre du Duc de Noya Caraffa à Mr. de Buffon, fur la*

Tour-

Tourmaline, et il y fait paroître des doutes, sur quelques-unes de mes découvertes. C'est cette même piéce que je donne ici. En la faisant mettre sous presse, je me suis avisé d'y ajouter quelques remarques, qui, selon moi, ne sont pas inutiles, pour éclaircir nos contestations.

Au reste, c'est proprement dans la cinquiéme piéce, qui est une lettre à *Mr. le Duc de Noya Caraffa*, que j'ai taché de me défendre. Elle est courte. Les expériences pourront vuider facilement nos débats, et en réïterant les miennes, de la façon, que je les ai décrites ici, on jugera aisément si j'ai tort ou raison.

Le célébre Physicien, *Mr. Benj. Wilson* à Londres, ayant eû quelque connoissance des propriétés singulières de la *Tourmaline*, par ma Disser-tation imprimée à Berlin, en a pris oc-casion de réïteter mes expériences, et d'en faire lui même de nouvelles, ingé-nieusement imaginées, dont il a commu-niqué

niqué le détail à la Société Roïale de
Londres dans une Lettre à *Mr. Heberden*,
imprimée dans les *Transactions Philoso-
phiques Vol. LI.* Cette piéce de *Mr.
Wilſon* occupe la ſixiéme place dans ce
recueil.

J'ai trouvé néceſſaire, de donner quelques remarques ſur l'écrit précédent de
Mr. Wilſon, dans la dernière piéce,
par laquelle finit cette collection. Les
raiſons, qui m'y ont portées, y ſont dé-
taillées au commencement.

Je donne ces écrits, qui contien-
nent, autant que je ſache, tout ce qui
a été jusques-ici découvert ou publié
ſur la *Tourmaline,* en François, pour les
livrer dans une langue généralement connuë tant des ſavans, que des amateurs
de la Science naturelle. J'avois compoſé
mes diſſertations en Allemand, mais comme je trouvois la première déja traduite
en François, dans les Memoires de Berlin, il me fût aiſé de faire traduire auſſi

le

le refte dans là même langue, et j'en ai fait
de même avec la lettre de *Mr. Wilson.*

J'ai revû ces traductions de mon
mieux, aïant eu foin qu'elles exprimaf-
fent par tout le fens de l'Original, et
décriviffent éxactement les expériences.
Je crois, que c'eft le principal bùt, qu'on
doit fe propofer dans des écrits de cette
nature.

TABLE

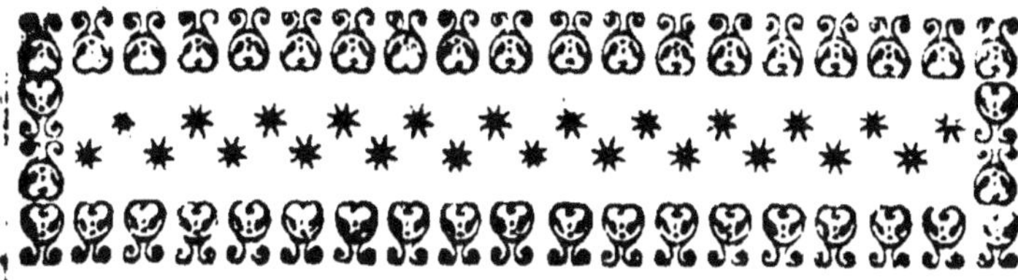

TABLE
des Pieces conténues
dans ce Recueil.

I. ME-

I.

MEMOIRE

concernant quelques nouvelles Expériences
Electriques remarquables ,

lû dans l'Academie des Sciences et des Belles Lettres de
Berlin dans le mois de Mars 1757.

LA Nature eſt un tréſor inépuiſable de
faits merveilleux. A chaque pas que nous
faiſons dans leurs recherches, de nouvelles vues ſe découvrent à nos regards. Toutes les fois qu'on s'imagine avoir épuiſé quelque
diſcuſſion , un examen plus attentif fait voir
que le but au quel on s'étoit propoſé d'atteindre, eſt encore infiniment éloigné , et que ce
qui nous a fait croire que le chemin étoit ſi
court, c'eſt que nos yeux ſont trop foibles pour
en appercevoir le terme.

Les nouvelles expériences électriques dont
je vais parler, fourniſſent un exemple convain-
quant de ce que nous venons d'avancer. La
découverte d'une multitude de phénomenes in-
opinés et tout à fait ſinguliers, qui ſe rappor-

A

tent

tent à la force électrique, engage les Physiciens
à croire, et avec quelque apparence de raison,
qu'ils connoissent exactement les Loix univer-
selles aux quelles elle est assujettie; mais on ne
doit pas plus s'attendre ici à une conoissance
complette, qu'à celle de toutes les autres parties de la Science Naturelle. Les remarques
que je vais exposer ici au sujet de l'Electricité
d'une pierre précieuse singuliere de l'Isle de
Ceylon, qui vraisemblablement causeront de la
surprise à ceux qui ont quelque idée des loix des
opérations électriques, confirment aussi combien la Nature est abondante en phénomenes,
qui doivent exciter en nous la plus vive admiration pour elle et pour l'Etre tout puissant
qui en est l'Auteur.

La pierre dont je veux parler porte le
nom de *Trip*, ou *Tourmaline*. Une propriété
particuliere dont elle est douée, et qui sera détaillée au long dans ce Mémoire, lui a fait donner par les Hollandois le nom d'*Aschentrecker*,
et celui d'*Aschenzieher* par les Allemands, ce qui
signifie, *attire cendre*. Le terroir naturel de cette
pierre est l'Isle de *Ceylon*, où elle se trouve
dans le sable sur le bord de la mer. Elle est
transparente et d'une couleur brunâtre, comme
l'Hyacinthe, mais beaucoup plus obscure. J'ai
eu beaucoup de peine à déterminer sa pésanteur
spécifique, n'ayant eu pour faire toutes mes
recherches que deux de ces pierres qui étoient
fort petites. Je ne puis donc me promettre

d'avoir

d'avoir atteint la derniere précifion dans la détermination de fon poids. Quoiqu'il en foit,
dans une fuite de plufieurs expériences, j'ai
trouvé que la proportion de fa péfanteur fpécifique à celle de l'eau n'étoit jamais moindre que
300 , et jamais plus grande que 305 à 100.
Cette pierre n'eft univerfellement connue que
depuis peu d'années , et jusqu'à préfent on en
trouve trés-difficilement. A peine y a-t-il un
feul Ouvrage imprimé des Auteurs mineralogiftes
qui en parle; et les feuls qui paroiffent en avoir
eu quelque connoiffance, font Mr. ZINCK, qui
en dit quelque chofe dans la dernière édition du
Dictionnaire de la Nature, des Arts et du Com-
merce par HÜBNER, qu'il a enrichi de fes ad-
ditions, et Mr. de JUSTI qui l'indique , mais
feulement en paffant dans fon Plan de Minera-
logie univerfelle. §. 346.

Cette pierre a une propriété qui la diftingue
de toutes les autres pierres connues jusqu'à préfent , c'eft que , lorsqu'on l'échauffe fur un
charbon ardent, elle attire et repouffe alternativement les cendres qui fe trouvent autour d'elle.
Elle en fait de même avec les chaux métalliques,
et en général avec tous les autres corps legers,
de quelque efpèce qu'ils foyent. Les jouailliers
qui l'ont mife au feu pour éprouver fa dureté,
fe font apperçus les prémiers de cette proprieté
et lui ont donné en conféquence le nom dont
j'ai parlé ci-deffus. Les Auteurs que j'ai cités,
rapportent auffi ce phénomene; mais la pierre

A 2

n'a

n'a été jusqu'ici l'objet d'aucunes recherches plus particulieres.

La prémiere fois que j'entendis parler d'une singularité auſſi remarquable, je formai auſſitôt la conjecture qu'elle devoit ſon origine à l'Electricité. J'en ai l'obligation à notre digne Confrere, Mr. LEHMANN, qui m'a inſtruit le prémier de cette propriété, et qui m'a fourni les moyens d'en faire des expériences exactes. Pour cet effet il m'a non ſeulement prêté une pierre *Tourmaline* qui lui appartenoit, mais il m'en a encore procuré une autre trois fois plus péſante, dont j'ai fait l'acquiſition. Si je n'avois pas poſſedé cette derniere, à peine aurois-je été en état de découvrir diſtinctement par la voye des expériences les proprietés étonnantes de cette pierre, parce qu'il auroit été très difficile, à cauſe de la petiteſſe de la pierre de Mr. LEHMANN, d'y démèler exactement les différens phénomenes.

C'eſt donc avec le ſecours de ces deux *Tourmalines* que j'ai entrepris de faire mes expériences ; et j'ai trouvé d'abord que ma conjecture au ſujet de l'Electricité de cette pierre étoit parfaitement fondée. Je n'alleguerai ici aucune preuve particuliere que l'attraction et la repulſion de la *Tourmaline* procèdent de l'Electricité. Les eſſais dont je rendrai compte dans la ſuite de ce Mémoire ne pourront laiſſer aucun doute à cet égard.

La

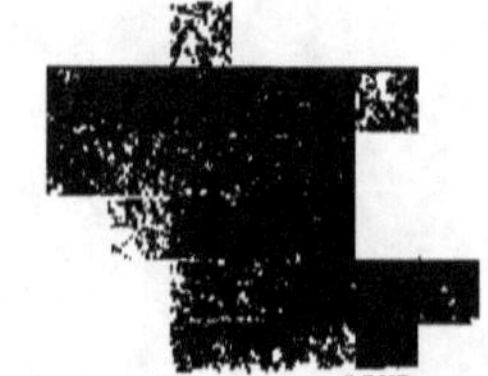

La *Tourmaline* eſt déja aſſés digne d'atten‑
tion en ce que, ſans la frotter, et ſimplement
en l'échauffant, elle fait paroître une Electri‑
cité conſiderable. Presque l'unique moyen qu'on
ait trouvé juſqu'ici pour exciter l'Electri‑
cité dans les corps, qui en ſont ſusceptibles,
c'eſt le frottement. On ne connoit juſqu'à pré‑
ſent qu'un cas unique qui fourniſſe une excep‑
tion. Le ſouffre, la réſine, la cire d'Eſpagne
et d'autres corps ſemblables, quand, après les
avoir prémierement fondus, on les fait couler dans
un vaſe ſec de métal, ou de verre, devien‑
nent électriques en ſe refroidiſſant, ſans
avoir beſoin d'être frottés. Dans les corps de
l'eſpèce du verre qui ſont électriques par eux
mêmes, on n'a trouvé encore aucun exemple
d'une ſemblable Electricité, excitée ſans frot‑
tement; et la *Tourmaline* qu'on doit ſans con‑
tredit rapporter à cette claſſe, comme étant une
pierre précieuſe, eſt par conſéquent le ſeul
exemple d'une pareille Electricité qui ſe trouve
dans un corps de l'espèce du verre, ſans y
être produite par le frottement. Il y a outre
cela ceci de particulier, qu'il ſuffit d'échauffer
la *Tourmaline* pour la rendre électrique. Qu'on
eſſaye d'en faire autant avec le verre et les
corps de ſon espèce, on n'y réuſſira jamais; et
même le ſouffre, la cire d'Eſpagne, etc. qui
ſont pourtant ſusceptibles d'une Electricité pro‑
duite ſans frottement, ne la reçoivent jamais,
quand on ſe contente de les échauffer ; mais

il faut qu'ils foient fondus préalablement, après quoi ils acquierent l'Electricité pendant qu'ils fe refroidiffent.

Quoique cette propriété de la *Tourmaline* foit déja très digne de l'attention de tout Naturalifte, j'y ai fait depuis quantité d'autres découvertes beaucoup plus furprenantes. Mais, avant que j'en rende compte, il faut en peu de mots expliquer la différence qu'il y a entre l'*Electricité pofitive*, et l'*Electricité négative*, pour mettre mes lecteurs en état de mieux comprendre ce que j'en vais dire.

Il y a réellement deux Electricités différentes, ou plûtôt oppofées. Les phénomenes confirment leur exiftence d'une maniere tout à fait fenfible; et pour peu qu'on foit verfé dans les Expériences électriques, on ne fçauroit révoquer en doute cette double vertu. Les deux Electricités oppofées fuivent, dans une de leurs principales opérations, une régle qui a auffi lieu dans les effets magnétiques. En effet on trouve par une expérience conftante, et à l'abri de toute conteftation, que

1. Quand deux corps ont la même efpèce d'Electricité, environ dans le même dégré, ils fe repouffent, à peu près comme deux aimans qui fe préfentent les mêmes poles.

2. Quand deux corps ont une Electricité différente, ils s'attirent l'un l'autre avec beaucoup de force, comme cela arrive à deux aimans qui fe préfentent les poles oppofés.

Mr.

Mr. Du **F**ay a déja remarqué ces deux Électricites contraires. Il nomme l'une *Vitrée*, et l'autre *Réfineufe*, parce que dans fes Expériences il avoit tou,ours trouvé la prémiere dans les corps de l'efpèce du *verre*, et l'autre dans ceux de l'espèce de la *réfine*. Ces noms paroisfent impropres quand il s'agit de les appliquer aux Expériences qu'on a faites après lui, pa ce que celles-ci montrent que l'Electricité *réfineufe* de Mr. du **F**ay peut être excitée dans le *verre* et dans les corps de fon efpèce, tandis que réciproquement l'Electricité *vitrée* peut être produite dans la cire d'Efpagne et les autres corps *réfineux*. Par conféquent celle qu'il a plû à Mr. du **F**ay de nommer Electricité vitrée, n'eft point propre aux feuls corps de l'espèce du verre, ni celle qu'il qualifie réfineufe aux feuls corps de cette derniere espèce. Mr. **Franklin**, à qui on eft redevable d'avoir répandu beaucoup de jour fur toute cette matiére, a donné à cette double Electricité des noms plus propres, pour faire connoitre l'oppofition qui s'y trouve, en appellant l'une *pofitive*, et l'autre *négative*. Il eft a la vérité a bitraire à laquelle de ces deux Electricités contraires, on donne le nom de *pofitive*, ou celui de *négative*. Cependant l'ufage et quelques raifons qu il n'eft pas tems d alléguer ici, ont déja décidé que l Electricité qu on produit en frottant un tube de verre poli avec un morceau de drap de laine, s'appelle *pofitive*, au lieu que celle qui fe trouve

A 4   dans

dans un bâton de cire d'Espagne, ou dans une pièce de souffre, lorsqu'on l'y excite de la même manière, doit être nommé *négative*. C'eſt ſur cette différence entre l'Electricité *poſitive* et *négative* que roule presque tout ce que j'ai obſervé de particulier ſur la *Tourmaline*.

Il m'a couté beaucoup de peine pour trouver les régles que la *Tourmaline* ſuit dans ſes opérations, et pour les établir d'une manière convainquante. La petiteſſe extréme de la pierre, qui peſée à un trébuchet exaĉt n'a que 21 grains, m'a cauſé un très grand embarras; car, quoique la *Tourmaline*, à proportion de ſa groſſeur, montre une Electricité très vive, il n'étoit pourtant pas poſſible d'obſerver tous les phénomenes auſſi diſtinĉtement qu'on auroit pû le faire avec une pierre d'un plus gros volume. Outre cela les phénomenes mêmes ont rendu mon embaras plus grand, parce que p. e. le côté de la pierre, où je venois de trouver l'Electricité *poſitive*, montroit quelques momens après l'Eleĉtricité *négative*, ſans que je fuſſe en état de découvrir la cauſe d'un changement auſſi ſubit. A la fin, en obſervant exaĉtement toutes les circonſtances, en répetant pluſieurs fois la même expérience, et en la faiſant avec toutes les varietés imaginables, je ſuis venu à bout de trouver et de conduire à leur certitude les loix de cette Eleĉtricité. Je vais rapporter ſimplement ici ces loix, ſans entrer dans le détail des expériences qui m'ont ſervi à les connôitre. Qui

conque

conque a feulement quelque idée de la maniére
dont on procéde aux expériences éle&triques,
pourra bien comprendre comment je m'y fuis
pris pour les miennes, et fera même en état
d'en faire qui lui prouveront la vérité de mes
affertions. Je fouhaite que cela fe faffe ; mais
je dois avertir que ces expériences demandent une
extréme circonfpection pour y réuffir. Je puis
me rendre caution de la vérité et de la jufteffe
de celles qui fervent de fondement aux loix
que j'ai trouvées, parce que j'y ai apporté des
précautions très grandes, et que je ne me fuis
point laffé de les répeter.

OBSERVATIONS
fur l'Ele&ricité de la Tourmaline

I. La Tourmaline *a toujours en même tems
une Ele&ricité* pofitive *et une Ele&ricité* négative ;
*c'eft à dire, que quand un de fes côtés eft pofitif,
l'autre eft infailliblement négatif, et réciproquement.*

Cette Régle eft aifée à vérifier par les Expériences. Car , quand on a examiné l'Electricité
qui fe trouve à l'un des oôtés de la pierre, on
n'a qu'à la tourner, et on trouvera toujours que
l'autre côté montre diftin&ement l'Electricité
oppofée. Cependant cette régle , quoique très certaine , ne fe préfente pas toujours affés clairement.
Il y a des cas où la pierre fe trouve, comme je
le ferai voir dans la fuite , dans une efpéce
d'état mitoyen : c'eft alors qu'on ne fçauroit apper-

A 5

cevoir

cevoir bien diſtinctement la vérité de cette loi. Je donnerai plus bas une manière de rendre la Tourmaline poſitivement électrique des deux côtés; et ce cas formera une exception remarquable.

Dans cette Expérience et dans toutes celles qui ſuivront, je mets ordinairement la Tourmaline ſur un petit ſupport de verre, dont la ſurface ſupérieure eſt couverte entiérement par la pierre. Les expériences réuſſiſſent de mème, quand on la poſe ſur quelque métal, ou autre matiére qui n'eſt pas électrique; mais par l'attouchement de ces corps non électriques elle perd en peu de tems ſon Electricité. Voila pourquoi je donne la préferénce à la maniére que j'ai indiquée.

II. Que l'on tienne avec de petites pincettes, ou de telle autre maniére qu'on voudra, la Tourmaline dans de l'eau bouillante, ou dans quelque autre fluide échauffé, et qu'on l'en tire au bout de quelques minutes, on trouvera toujours dans cette Expérience, tout autant de fois qu'on jugera à propos de la repeter, que l'un des côtés de la pierre eſt poſitivement électrique, et l'autre négativement. Le coté de la pierre qui je préſente toujours ici comme poſitivement électrique, je le nommerai dans la ſuite coté poſitif, et celui qui ſe préſente dans l'état contraire, coté négatif.

Il eſt bien remarquable que dans cette Expérience une forte Electricité eſt excitée au milieu de l'eau, qui dans tous les autres ca paroit la choſe la plus contraire à la vertu électrique.

Il

Il n'eſt pas d'une exacte néceſſité que l'eau ſoit actuellement bouillante. Un moindre dégré de chaleur excite auſſi l'Electricité de la *Tourmaline*, mais dans un degré inférieur. Quand l'eau n'eſt échauffée que juſqu'à 108. ou 110. dégrés du Thermométre de *Fahrenheit*, à peine peut-on découvrir quelques indices d'Electricité. La chaleur de l'eau bouillante me paroit en géné.al être celle qui rend l'Electric té de la *Tourmaline* la plus vive. Si l'on échauffe cette pierre d'une maniere ſenſiblement plus forte ſur un métal chaud, elle ne montre qu'une foible Electricité qui ne s'anime bien que quand la pierre s'eſt un peu réfroidie. L'Electric té que la *Tourmaline* acquiert dans l'eau bouillante, dure encore quand elle eſt entierement réfroidie, et je l'y ai trouvée fort ſenſible pendant ſix heures que j'ai employé à continuer ces Expériences.

La cauſe pourquoi, dans cette Expérience, un côté déterminé de la *Tourmaline* eſt toujours poſitivement électrique, et l'autre négativement, m'a paru au commencement dépendre de la figure qu'on lui avoit donnée en la taillant. La mienne, comme le font ordinairement les autres pierres précieuſes, eſt taillée d'un côté toute plate, et de l'autre à pluſieurs petites facettes qui ſe terminent en pointe au milieu de la pierre. Le prémier de ces côtés eſt toujours le côté poſitif de la pierre, et l'autre le côté negatif. Mais, en comparant ma pierre avec celle qui appartient à Mr. LEHMANN,

j'ai

j'ai trouvé que ma conjecture étoit sans fondement. Cette derniére pierre eft à la vérité
plus petite, mais d'ailleurs parfaitement taillée
comme la mienne. Cependant, malgré cette conformité, fon côté plat eft toujours le côté négatif, tandis que dans la mienne il eft pofitif, et
réciproquement le côté inégal de la pierre de Mr.
Lehmann eft toujours pofitif, tandis que dans ma
Tourmaline il eft conftamment négatif. Je trouve
là - dedans une conviction fuffifante que la caufe
pourquoi un côté de la pierre eft toujours pofitif et l'autre négatif, ne doit pas être cherchée
dans la figure extérieure, ni dans la maniere de
la tailler, mais qu'il faut recourir, comme à
l'égard de l'aimant, à la ftructure intérieure et
à la conftitution effentielle de la pierre.

*III On peut, en fe fervant des moyens qui vont
être rapportés, rendre le coté pofitif de la Tourmaline négatif, et donner réciproquement au côté négatif l'Electricité pofitive. Quand cela eft arrivé, la
pierre retourne enfuite d'elle - même à fon état naturel, c'eft à dire, que fon côté pofitif ceffe d'être négatif, et revient de lui - même pofitif, et le côté
négatif ceffant pareillement d'être pofitif, reprend fa
vertu négative.*

Quoique cela foit conftant, il y a pourtant
un cas qui en fait une exception dont je par-
lerai plus bas.

L'obfervation dont je parle, eft d'ailleurs
trés digne d'attention, puisqu'elle répand un fort
grand jour fur la nature et les opérations de la
Tourma-

Tourmaline. Pour que le changement, ou le retour de la pierre dans son état naturel, se fasse;
il faut deux ou trois minutes, et même davantage, quoique cela s'exécute aussi quelquefois
plus vîte. De plus le changement n'arrive pas
à la fois, ou dans tous les points des surfaces
de la pierre en même tems; quelques endroits
d'une surface passent dans leur état naturel tandis
que d'autres restent encore quelque tems dans
leur état précédent, et de là vient que la pierre,
pendant la durée de ce changement successif,
paroit réunir à la fois du même côté les deux
Electricités, la positive et la négative. C'est de cet
état que je parlois ci-dessus, lorsque je disois que
l'on ne pouvoit toujours appercevoir d'une maniere
distincte la justesse de la prémiere régle.

Cette proprieté de la *Tourmaline* a été la
principale cause des grandes difficultés que j'ai
trouvées à réduire tous les phénomenes que
cette pierre m'offroit, à certaines régles dans
le commencement de mes expériences. C'étoit
parce qu'après avoir trouvé, par exemple, un
côté de la pierre positif, bien tôt après il se
montroit négatif, sans que j'eusse pû remarquer la moindre cause d'un changement aussi
subit. Quand la *Tourma ne* en étoit à son passage
pour retourner à l'état naturel, je ne pouvois pas
seulement distinguer si le côté que j'observois
devoit être reputé positif, ou négatif. Il en
résultoit une très grande incertitude dans les
conclusions que je cherchois à tirer de mes pré-
mieres Expériences.   *IV.*

IV. Si on met la Tourmaline *sur une plaque de métal ou de verre échauffée, ou sur un charbon ardent, elle devient électrique en s'échauffant, et suit cette régle, que de quelque maniere qu'on fasse l'Expérience, et quelque côté de la pierre qu'on mette sur la plaque échauffée, ou sur le charbon ardent, chacun de ses côtés acquiert toujours l'Electricité oppofée à celle qui lui est naturelle, c'est à dire, que le côté positif de la pierre devient négatif, et le côté négatif devient positif. La même chose arrive, quand on met la* Tourmaline *sur un support de verre, et qu'on l'échauffe ensuite aux rayons du soleil réunis par un miroir ardent.*

Cette Expérience ne manque jamais ; mais quand, pour la faire, on échauffe la *Tourmaline* au-deffus d'un charbon ardent, il faut, fi l'on a deffein d'obferver ce phénomene d'une maniére tout à fait diftincte, ne point ôter la pierre de deffus le charbon ; mais l'y laiffer pofée, et enfuite examiner qu'elle forte d'Electricité elle montre. Car, fi on vouloit l'ôter de deffus les charbons, et la mettre fur le fupport de verre dont on a parlé, l'Expérience pourroit manquer. En effet, quand on ôte la *Tourmaline* de deffus le charbon, le retour à l'état naturel fe paffe fort vîte ; et ce retour pourra même arriver avant qu'on ait eu le tems de la mettre fur le fupport de verre, et alors, en examinant la pierre, on pourroit la retrouver déja dans fon état naturel, ou tout au plus on pourroit obferver de foibles reftes de l'Electricité négative

fur

fur le côté poſitif, ou de l'Electricité poſitive fur
le côté négatif.

Nous pourrons comprendre par cette Expérience la raiſon pourquoi la *Tourmaline* en
vertu de la troiſiéme régle ne manque ,amais
de reprendre au bout de quelque tems ſon état
naturel. J'ai beaucoup de raiſon dè croire
que l'inégalité dans l'échauffement des deux
ſurfaces de la pierre , comme étant inévitable
dans l'Expé ience qui vient d être rapportée ,
et dans la maniere d'y procéder, eſt la cauſe,
pourquoi la *Tourmaline* acquiert toujours au
commencement l'état oppoſé a celui qui lui
eſt naturel. Car, quand ,e l'ai mis entre deux
métaux, ou entre deux plaques de verre à peu
pres de même chaleur, elle obtient ſur le champ
ſon état naturel , tout auſſi bien que quand elle
a été miſe dans l eau bouillante, ou dans quelque autre matiere fluide qui l'échauffe également
de toutes parts. Il y a encore d autres Expé ie ces outre celle dont il s'agit ici , qui me
conduiſent p e que à une pleine conviction que
les deux Loix ſuivantes peuvent ètie poſées
comme des régles fondamentales.

„ 1. Quand un côté de la *Tourmaline* eſt con-
„ fide ableme t plus échauffé que l'autre, la
„ pierre eſt toujours dans l'état oppoſé u ſon état
„ naturel.

„ 2. Quand les deux côtés de la pierre ont
„ une chaleur à peu près égale, la pierre eſt
„ toujours dans ſon état naturel.

II

Il paroît au moins qu'on peut comprendre par là, pourquoi la pierre retourne toujours d'elle-même à son état naturel, puis-qu'il eſt connu que la chaleur, dans toutes ſortes de corps, ſe diſtribue en peu de tems partout d'une maniere égale.

V. La Tourmaline *devient auſſi électrique en là frottant. Afin de pouvoir bien determiner les régles qu'elle ſuit par rapport à l'Electricité qui lui eſt donnée de cette maniere, il faut diſtinguer les cas ſuivans.*

1. „ Quand on frotte la *Tourmaline* contre un „ drap de laine en tenant un doigt ſur ſa ſurface „ ſuperieure, et que le frottement eſt aſſez fort „ pour que la pierre acquiere par ce moyen une „ chaleur ſenſible, alors le côté frotté devient „ toujours poſitivement électrique, et l'autre „ négativement. En frottant ainſi ſon côté ne- „ gatif contre le drap, on peut effeſtuer, que le côté „ poſitif devienne negativement électrique, et „ le côté negatif poſitivement électrique. Mais, „ dès qu'on a ceſſé à frotter, la *Tourmaline* „ retourne d'elle même à ſon état naturel. Cette „ Expérience réuſſit toujours, pourvû que la „ pierre ait acquis une chaleur ſenſible en la „ frottant.

2. „ Si au contraire l'on frotte la pierre com- „ me auraravant contre un drap de laine, mais „ foiblement, et ſi peu qu'elle n'en acquière „ pas une chaleur ſenſible, tout ſe paſſe „ com-

„ comme auparavant, excepté que le retour à
„ l'état naturel n'a pas lieu. Car, fi en frottant
„ le côté négatif de la pierre contre le drap, on
„ met la *Tourmaline* dans l'état oppofé à fon état
„ naturel, (et pour cela il fuffit de la paffer dou-
„ cement une ou deux fois fur le drap) enfuite,
„ tant qu'il refte quelque trace d'Electricité, le
„ côté pofitif demeure négativement électrique,
„ et le côté négatif pofitivement électrique.

3. „ Quand on colle la *Tourmaline* avec de la
„ cire d'Efpagne au bout d'un tuyau de verre,
„ et qu'enfuite on la frotte contre un drap, de
„ manière qu'elle ne s'échauffe pas, et en prenant
„ la précaution, que (foit pendant le frottement,
„ foit après) le côté non frotté de la pierre ne foit
„ touché ni par les doits, ni par aucun autre
„ corps non électrique, alors les deux côtés de la
„ *Tourmaline* fe trouvent doués de l'Electricité po-
„ fitive, et le retour à l'état naturel ne s'enfuit
„ point.

4. „ Enfin, quand on colle comme aupara-
„ vant la *Tourmaline* à un tuyau de verre, et qu'on
„ obferve les mêmes précautions qui viennent
„ d'être indiquées, fçavoir que le côté de la pierre
„ qui n'a pas été frotté, ne foit touché par aucun
„ corps non électrique, fi après cela on frotte la
„ pierre jufqu'à l'échauffer d'une manière fenfi-
„ ble, alors les deux côtés deviendront pofitive-
„ ment électriques, comme auparavant, mais la
„ *Tourmaline* retourne enfuite infailliblement d'elle
„ même à fon état naturel. „

B

De

De ces obſervations rapportées juſqu'à préſent, on peut tirer les conſéquences ſuivantes, comme autant de propoſitions inconteſtables:

a) La *Tourmaline* poſſede deux eſpèces d'Electricité tout à fait différentes l'une de l'autre, et qui n'ont aucune liaiſon entr'elles. La prémiere lui eſt commune avec toutes les autres pierres précieuſes, auſſi bien qu'avec le verre, et les corps de la même eſpèce; ainſi à cet égard elle ne renferme rien de merveilleux, ou du moins rien qui lui ſoit particulier. La ſeconde eſpèce d'Electricité lui eſt, autant qu'on le ſçait, entiérement et excluſivement propre; elle a des loix qui ne conviennent qu'à elle ſeule: et c'eſt juſqu'à préſent un exemple qui n'a pas ſon ſemblable.

b) De la prémiere Electricité de la *Tourmaline* découlent tous les phénomenes qui arrivent en la frottant aſſez doucement pour que la pierre ne s'échauffe point. C'eſt ainſi qu'elle devient électrique en la frottant contre un drap. Si, pendant qu'on la frotte, les mains nues, ou quelque corps non-électrique, touchent le côté qui n'eſt pas frotté, celui qui l'eſt, devient poſitivement électrique, et celui qui ne l'eſt pas, négativement; mais quand on l'affermit à un tuyau de verre, et qu'enſuite on la frotte, les deux côtés deviennent poſitivement électriques. Cependant aucun des deux côtés de cette pierre, n'a rien, par rapport à cette Electricité, qui le diſtingue des autres corps électriques.

Toutes

Toutes ces circonſtances , comme il eſt
aſſés connû , ſe trouvent dans les corps électriques de l'espèce du verre , et dans le verre
commun , tout auſſi bien que dans la *Tourmaline.*
Il y en a pourtant une qui n'eſt peut-être pas
généralement connue, c'eſt à dire, que lorsqu'on
frotte des corps de l'espèce du verre contre
un drap , le côté du verre ſur lequel on met
le doigt en le frottant devient négativement électrique. Quand on voudra repéter l'expérience,
on trouvera qu'elle confirme toujours ce phénomene de la manière la plus complette; et qui-
conque eſt inſtruit des expériences mémorables
de Mr. FRANKLIN , et de ce qu'il a dit au
ſujet de la fameuſe expérience de Leyde , s'ap-
percevra bien d'avance , que les choſes doivent
arriver conformément à mon expoſé. Les mêmes circonſtances qui ſont néceſſaires pour charger le verre dans l'expérience de Leyde ſe
trouvent ici , et par conſéquent il en doit naître
le même effet. J'ai fait des expériences toutes
ſemblables avec des morceaux de corps réſineux,
et je n'y ai trouvé que cette différence , que
quand on les frotte en y tenant un doigt deſſus,
le côté frotté devient négativement électrique ,
et celui qui ne l'eſt pas , acquiert la vertu poſitive. Je remarque en paſſant, que cela prouve
inconteſtablement que même ſans verre, avec des
corps réſineux, l'expérience de Leyde eſt poſſible:
ce que tous les Auteurs qui ont écrit juſqu'à préſent de l'Electricité, ſe ſont accordés à nier.

B 2   c) L'eſpè-

c) L'efpèce d'Electricité qui eft propre à la *Tourmaline*, eft entièrement différente de celle dont nous venons de parler. Elle a fes loix toutes différentes. L'Electricité de la *Tourmaline* qu'on lui donne par le frottement et celle qui eft excitée par la chaleur, peuvent être produites l'une fans l'autre, et bien qu'elles puiffent exifter enfemble, c'eft pourtant toujours fans qu'il y ait aucun rapport, ni aucune liaifon entr'elles. Cette Electricité particulière à la *Tourmaline* n'a befoin pour être produite que d'un certain dégré de chaleur ; et il eft parfaitement indifférent de quelle manière on l'échauffe. Dès qu'elle a reçu le dégré de chaleur néceffaire, auffi-tôt, en vertu de la conftitution intérieure de la pierre, un côté fe trouve doué de l'Electricité pofitive, et, l'autre de l'Electricité négative. Quand les côtés de la pierre font également échauffés, alors il y a toujours un côté déterminé qui eft pofitivement, et l'autre négativement électrique ; mais, quand les côtes reçoivent une chaleur inégale, le côté qui eft ordinairement pofitivement électrique, le devient négativement, et celui qui eft ordinairement négativement électrique, le devient pofitivement ; mais la pierre ne refte dans cet état qu'autant de tems que dure la diftribution inégale de la chaleur.

Cette Electricité propre à la *Tourmaline*, ne peut manquer de lui attirer l'attention de ceux qui étudient la nature, fans qu'il foit befoin de leur en dire d'avantage, pour les engager à tourner leurs recherches vers cet objet.   Je

Je profiterai de cette occasion pour parler encore d'une autre expérience électrique
remarquable, que j'ai faite il n'y a pas long-
temps. Voici dequoi il s'agit. Tout le monde
fait que presque tous ceux qui ont fait des expériences fur l'Electricité, ont cherché dans la
nature particulière du verre la raifon de la fecouffe électrique qui arrive dans l'éxpérience de
Leyde. Mr. l'Abbe NOLLET a effayé fi la même
expérience pouvoit être faite avec des vaiffeaux
de poix, ou de cire d'Efpagne; mais il dé-
clare qu'elle n'a jamais réüffi. Mr. FRANKLIN
lui-même croit que le verre y eft indifpen-
fablement néceffaire, et qu'il produit la fecouffe en vertu de fa ftructure intérieure, au
fujet de laquelle ce Phyficien a imaginé une
hypothéfe tout à fait forcée et dénuée de vraifemblance. Sa propre théorie fert à prouver
le contraire, puisque tout ce qui eft réquis,
fuivant cette théorie pour produire la fecouffe
ne fe trouve pas dans le verre , entant que
verre, mais entant que corps qui eft électrique
par lui-même, et qui en cette qualité ne fait
rien autre chofe que de mettre obftacle au paffage de la matière électrique d'une furface
de la bouteille de Leyde à l'autre. La fecouffe
même peut s'expliquer aifément par une proprieté de la matière électrique que Mr. FRAN-
KLIN a lui-même découverte, et qu'il a de-
montrée par des expériences très-convainquan-
tes, proprieté en vertu de laquelle les par-

ties de cette matière se repoussent et s'efforcent
de s'éloigner réciproquement les unes des autres.
C'est elle sans doute qui contient la cause immédiate de la secousse, et qui peut servir en
même tems de principe pour expliquer d'une
manière tout à fait naturelle et satisfaisante toutes les autres circonstances qui se manifestent
dans l'expérience de Leyde. Le verre n'entrant
donc ici pour rien de particulier, et ne ser-
vant qu'à empêcher le passage de la matière
électrique d'une surface à l'autre, et à arrêter
le cours des étincelles entre ces surfaces, on
peut mettre à la place du verre toute autre
matière qui sera en état de produire le même
effet, et qui par conséquent produira tout
aussi bien la commotion électrique. Tous les
corps qui sont électriques par eux-mêmes, se
trouvent dans le cas; et par conséquent on
pourra parvenir à exciter la commotion par le
moyen du souffre, de la cire d'Espagne et
même en n'y employant que de l'air, qui est
aussi du nombre des corps électriques par eux-
mêmes. De semblables réflexions que j'eus lieu
de faire dans une certaine occasion, me con-
vainquirent de la possibilité de la chose, et m'en-
gagerent à essayer si l'expérience s'accorderoit
avec les conséquences que j'avois tirées de la
théorie de Mr. FRANKLIN. Je m'y suis pris
pour cet effet de la manière suivante. Je sus-
pendis deux surfaces couvertes de métal l'une à
côté de l'autre, de manière qu'elles étoient

paral-

paralléles , et la diftance de l'une à l'autre dans tous leurs points étoit d'un pouce
à $1\frac{1}{2}$, fans quelles fe touchaffent nulle part
médiatement, ni immédiatement. L'Electricité fut
conduite du globe électrifé à une de ces furfaces, pendant que j'avois attâché à l'autre furface une chaîne qui trainoit fur le plancher,
afin que la matière électrique qui étoit chaffée
de cette furface par la répulfion, s'écoulât, et
que la furface même pût acquérir l'Electricité
négative. De cette façon j'obtins qu'il fe fit
une forte fecouffe, tout à fait femblable à celle
qui eft communément produite par le moyen
du verre. Cette expérience ne réuffiroit pas
avec de petites furfaces , et fon effet devient
d'autant plus fenfible que les furfaces qu'on
employe font grandes. Celles dont je me
fuis fervi, avoient chacune $7\frac{1}{2}$ pieds quarrés,
et elles étoient de bois , couvert de ces
feuilles d'étain qu'on applique aux glaces de
miroir. *)

Après le fuccès de cette expérience on ne
fçauroit douter, que tout corps électrique par
lui-même, tant fluide que folide, ne foit capable de produire l'effet de la commotion. Peut-

B 4

être

---

*) J'ai parlé plus au long de cette expérience dans
mon *Tentamen theoriae electricitatis et magnetifmi*
Ch. I. §. 70.-76. où j'ai fait des recherches fur la
Théorie de ce phénoméne et donné une explication complette de l'expérience de Leyde.

être que les gobelets de poix de Mr. l'Abbé
NOLLET ont eu trop d'épaiſſeur, puisque le
verre lui-même, lorsqu'il eſt trop épais, affoiblit
le coup qui arrive, dans l'expérience de Leyde;
ou, ce qui me paroit encore plus vraiſemblable, comme la poix et la cire d'Espagne, quand
on les fond, ſe rempliſſent de bulles d'air et
de cavités il eſt peut-être arrivé que le vaiſſeau
de ce Phyſicien avoit quelque ouverture câchée,
par laquelle la matière électrique s'écouloit, et
paſſoit d'une ſurface à l'autre, ſans qu'on s'en
apperçût. Si Mr. l'Abbé NOLLET avoit employé le ſouffre, qui ſe laiſſe fondre d'une manière plus compacte, ſon expérience auroit probablement réuſſi.

Je laiſſe à ceux qui s'occupent de l'étude
de la Nature, le ſoin de tirer de l'expérience
que je viens de rapporter, les conſéquences
qui en découlent, et qui ſont extrémement
favorables aux notions que Mr. FRANCKLIN
a données de l'Electricité.

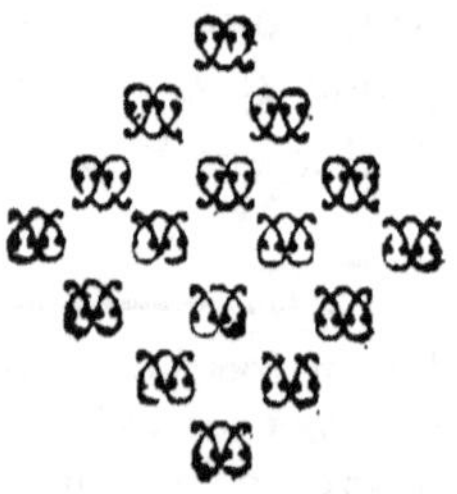

II.

MEMOIRE

contenant une défcription exacte des expériences faites avec la *Tourmaline*,

à St. Petersbourg dans le mois d'Aout, 1758.

Je n'ai pas eu le tems, en faifant connoître dans la Differtation précédente les merveilleufes proprietés de la *Tourmaline*, de traiter ce fujet auffi amplement qu'il paroiffoit le mériter. J'ai fimplement allégué les fuites et les conclufions qui réfultoient de mes expériences, fans les indiquer, ni en faire une exacte défcription. J'en réconnois la néceffité, et je vais tacher de m'en acquitter actuellement. La *Tourmaline* eft une pierre rare et très peu connuë, conféquemment l'occafion de faire fur elle des expériences, fe préfente très-difficilement. Les expériences par le moyen desquelles j'ai découvert fes proprietés, exigent une certaine façon d'opérer, qu'on ne trouve pas d'abord. Ces mêmes proprietés, font d'ailleurs fi merveilleufes, qu'on auroit peine à m'en croire fimplement fur ma parole.

B 5   Ces

Ces raifons m'obligent ainfi de communiquer au public un détail exact de mes expériences, afin qu'un amateur de la Phyfique
puiffe juger par lui-même de la vérité, ou du
peu de fond de ce que j'ai foutenu précedem-
ment, s'il en a les moyens, ou s'il eft à portée de répéter ces mêmes expériences.

Après avoir donné ma prémiere Differtation, je trouve un petit nombre d'Auteurs qui font
mention de la *Tourmaline*, mais ce qu'ils en
difent eft fi indéterminé et fi peu effentiel, qu'il
eft prefque inutile d'en parler. Quelques uns
prétendent p. e. que la *Tourmaline* eft une
efpèce d'Ambre. Sa dureté, fa péfanteur
fpécifique, et fa ftabilité dans le feu prouvent inconteftablement qu'il faut la mettre au nombre
des pierres précieufes. Ceux donc qui croient
que c'eft de l'Ambre, n'ont apparemment jamais vû cette pierre. Le fameux LEMERY l'a
connuë, et a fait fur elle des expériences. En
lifant l'Hiftoire de l'Academie Royale des Sciences, de année 1717, on réconnoît facilement
que l'Aimant de Ceylon de Mr. LEMERY eft précifement ma *Tourmaline*. Cependant ceux qui liront ce paffage au fujet de cette pierre, s'ap-
percevront que ce qu'il en dit eft infuffifant.
Il paroit même qu'il a entiérement oublié la
particularité la plus rémarquable, c'eft qu'il
faut échauffer la *Tourmaline* pour qu'elle produife fon effet.

Je

Je me fuis fervi dans mes expériences de quelques inftrumens dont il eft néceffaire de donner une exacte défcription. Par là mes Lecteurs feront à même de former une idée plus diftincte de la manière dont j'ai opéré ; et je pourrois être plus court dans le détail que j'en ferai.

Le prémier de ces inftrumens eft répréfenté par la Fig. I. Sur un pied quarré AB. je fis dreffer un bâton CD. environ d'un pied de hauteur. Ce bâton avoit au haut une charniere près de D. au moïen de laquelle le lévier à bras égaux FG. étoit un peu mobile. Chaque bras de ce lévier FD. et DG. avoit la longueur de 7. pouces à peu près. J'employai cet inftrument pour pouvoir fufpendre commodément le pendule HI. Le lévier FG. étoit un peu mobile, afin de pouvoir au befoin hauffer, ou baiffer un peu le pendule. Pour faire le pendule HI. je pris un fil de foïe cruë, j'y attâchai par le bas un petit morceau de liège arrondi de la groffeur à peu près d'une lentille. La longueur du fil HI. étoit de 5 à 6. pouces environ, et j'attâchai le pendule avec de la cire à un des bras du lévier FG. Sur un autre petit pied quarré MN, qui eft répréfenté dans la Fig. II. je mis dans le milieu un tube mince de verre OP, à peu près de 6. pouces de longueur, dont le haut fe terminoit dans un hémifphére QR, de deux lignes environ. Il
eft

est très-facile de faire ce tube en soufflant une petite boule de verre, comme on fait en faisant un Thermométre, et en brisant enfuite cette boule jusqu'à la moitié. Je me fers dans les expériences de cet inftrument pour y pofer la *Tourmaline*, afin qu'elle puiffe agir librement.

J'emploïe encore de petites pincettes ABC, pour ne pas toucher la *Tourmaline* avec les doigts, et je la prens toujours par les côtés, comme il eft indiqué dans la Fig. III. afinque la pierre foit touchée le moins qu'il eft poffible par des corps non électriques. Il faut encore avoir un Tube de verre et un bâton de cire d'Efpagne tout prêts, pour qu'on puiffe examiner de la manière que nous décrivons plus bas l'efpèce d'Electricité produite par la *Tourmaline*.

Lorsqu'on fait ces expériences, il eft néceffaire d'obferver, que le fil de foie du pendule, dont j'ai déja fait mention, foit fort fec; c'eft pourquoi il ne faut jamais faire ces expériences dans un tems humide. Au cas qu'on faffe ces expériences la nuit, on doit fe garder de plus d'apprôcher de la *Tourmaline* une bougie allumée, car fon Atmofphére éteint l'Electricité fenfiblement, quand même elle en eft éloignée de deux pieds. Généralement il vaut mieux faire ces expériences extrémement délicates de jour que de nuit. En les faifant il faut humecter de tems en tems le globule de liege attâché au pendule.

La

La *Tourmaline* devant lui communiquer l'Electricité, comme on verra par la fuite, il la reçoit
plus facilement lorsqu'il eft un peu humide, que
lorsqu'il eft tout à fait fec.

Les deux *Tourmalines* que j'ai emploïées, ne
font plus brutes, mais dé‚a taillées comme les
autres pierres précieufes qu'on deftine à être
montées. Toutes les deux ont une figure presque elliptique, et les Fig. IV et V font voir la
grandeur de chacune avec fa forme dans la coupe.
Je défignerai par A le côté plat de la plus grande
pierre A B C, par *a* celui de la plus petite *a b c.*
par le B au contraire le côté élevé et taillé en facettes de la plus grande et par *b* celui de la plus
petite.

Aiant tout difpofé de la manière décrite ci
deffus, jai fait les expériences qui fuivent.

I. EXPERIENCE.

„ Je commençai par mettre la *Tourmaline* fur un
„ charbon ardent, où il y avoit un peu de cendre.
„ Après l'y avoir laiffée quelque tems pour
„ l'échauffer un peu, je remarquai qu'elle at-
„ tiroit les cendres repanduës à l'entour, et que
„ peu après elle les repouffoit. Cette attraction
„ et répulfion réciproque dura fans interruption
„ tant que la pierre fût fur le charbon. „

O B S E R V A T I O N.

Cette expérience a été connuë aux jouailliers
depuis affez long tems, et a fait donner à cette
pierre le nom d'attire-cendre. Mais puis qu'elle

fe

se bornoit à m'aſſûrer de la force qu'a cette pierre
d'attirer la cendre, je crûs devoir aller plus loin.

II. EXPERIENCE.

„ La *Tourmaline* étant échauffée ſur un charbon
„ ardent, je l'en ôtai avec les pincettes mention-
„ nées ci-deſſus, et je l'approchai de diffé-
„ rentes ſortes de corps legers repandûs ſur une
„ petite planche. Je remarquai qu'elle agiſſoit
„ indifferemment ſur tous, comme ſur la cendre,
„ en les attirant et en les repouſſant. J'ai fait
„ cette expérience avec des plumes, des par-
„ celles de papier, de paillettes d'or, des brins
„ de paille, des chaux métalliques et une infi-
„ nité d'autres corps, et j'ai toûjours vû le
„ même effet. „

OBSERVATION.

Cette expérience fortifia la conjecture que
j'avois faite d'abord, que les effets de la *Tourmaline* provenoient de l'Electricité. Car la vertu
attractive et répulſive de cette pierre n'eſt pas
reſtrainte à la cendre ſeule, mais elle s'étend
ainſi que l'Electricité ſur toutes ſortes de corps.
Cette découverte cependant ne me ſatisfit pas,
et je réſolus de faire encore d'autres recherches pour m'aſſûrer parfaitement de la réalité
de ma conjecture.

III. EXPERIENCE.

„ Je pris avec les pincettes la plus grande *Tour-
„ maline* de la manière décrite ci-deſſus, et
„ je

„ je l'enfonçai pendant quelques minutes dans
„ de l'eau bouillante.   Après l'avoir retirée je
„ la poſai ſur le pied Fig. II, de façon que le
„ côté B étoit en haut, et je l'apprôchai du
„ pendule, lequel je baiſſai jusqu'à ce qu'il pût
„ toucher la ſuperf.cie B.   Alors je remarquai
„ les phénomenes ſuivants:

1) „ Le pendule fût attiré par la pierre,
„ mais il s'éloigna dès qu'il eût touché la ſu-
„ perficie B.

2) „ Quand j'apprôchai après cela la pierre
„ du pendule, il en fût repouſſé.

3) „ Je frottai un tube de verre, et en
„ l'apprôchant du pendule, je vis qu'il l'atti-
„ roit fortement.

4) „ Mais quand je me ſervois d'un bâton
„ de cire d'Eſpagne à la place du tube de verre,
„ le pendule le fuyoit et en étoit repouſſé. „

OBSERVATION.

Cette expérience ne laiſſe presque plus
de doute, que la vertu attractive et répulſive de
la *Tourmaline* ne procéde de l'Electricité.   Non
ſeulement le pendule eſt attiré d'abord et ré-
pouſſé tout de ſuite par la *Tourmaline*, et après
avoir touché cette pierre, la fuit conſtamment,
comme cela arrive également dans les expériences électriques ; mais le pendule repouſſé
par la *Tourmaline* eſt encore repouſſé par un
bâton de cire d'Eſpagne électriſé ainſi qu'on l'obſerve lorsqu'on lui communique l'Electricité réſineuſe

fineufe de Mr. Du Fay, ou la négative de
Mr. Franklin.

IV. EXPERIENCE.

„Dans cette expérience je procédai en tout
„point comme dans la précédente, excepté que
„je n'apprôchai pas d'abord la *Tourmaline* du
„pendule, mais je lui donnai auparavant une Ele-
„ctricité négative avec un bâton de cire d'Efpagne.
„Quand après cela j'apprôchai la *Tourmaline* du
„pendule électrifé, non feulement elle ne l'at-
„tiroit pas, mais elle le repouffoit auffitôt.„

OBSERVATION.

Le réfultat eft donc le même que lorsque
le côté B de la *Tourmaline* eft en effet négativement électrique.　Il faut en ce cas qu'elle repouffe le pendule négativement électrique, comme cela arrive actuellement.

V. EXPERIENCE.

„Je mis fur le pied dont on a deja parlé, une
„plaque de laiton *q r* Fig. VI. de trois pouces
„de longueur et d'un demi pouce de largeur
„à peu près.　Aïant enfuite échauffé la *Tour-*
„*maline* felon la manière indiquée, je la pofai près
„de *q* fur la plaque, de forte que le côté B de la
„pierre étoit en bas et touchoit la plaque. Après
„quoi j'apprôchai le pendule de l'autre bout de
„la plaque à la diftance d'un demi pouce en-
„viron; il arriva alors que

　1) „Le pendule fût auffitôt attiré par la pla-
„que et enfuite repouffé.

　　　　　　　　2) „Quand

2) „ Quand j'apprôchois alors un tube de „ verré frotté, le pendule en étoit attiré, mais „ un bâton de cire d'Efpagne le repouffoit.

3) „ Lorsque j'avois donné auparavant au pen- „ dule une Electricité négative avec de la cire „ d'Efpagne, la plaque ne l'attiroit point du tout, „ mais le repouffoit toûjours.

4) „ Tout ceci arrivôit de la même ma- „ nière, quand même je ne laiffois pas la *Tour-* „ *maline* fur la plaque, mais qu' après y avoir „ été quelque tems, je l'en faifois tomber par „ le moïen d'un tube de verre. „

OBSERVATION.

La *Tourmaline* reffemble donc encore aux corps électriques, en ce qu'elle communique comme eux aux corps qu'elle touche fa vertu attractive et répulfive.

VI. EXPERIENCE.

„ J'échauffai la *Tourmaline* fur un morceau de „ métal fort chaud dans une chambre obfcure, „ où je m'étois enfermé pendant quelque „ tems. Je touchai alors fa fuperficie avec le „ bout du doigt, et en la touchant je vis une „ lumière pâle, qui fembloit s'écouler du doigt „ et s'étendre fur la fuperficie de la pierre. En „ un mot, l'effet fut tout femblable à ce qui arri- „ ve, lorsque dans l'obfcurité on touche avec le „ doigt un morceau de verre, d'ambre, ou de „ cire d'Efpagne, après l'avoir frotté. „

C

OBSER-

OBSERVATION.

La proprieté des corps électriques d'exciter une lumière par l'attouchement des corps non électriques, se trouve donc pareillement dans la *Tourmaline*.

VII. EXPERIENCE.

„Dans mes expériences précédentes, je n'avois „examiné que les phénomènes du côté B de „la *Tourmaline*, il me restoit donc encore à „les répéter avec le côté A. En le faisant je „trouvai presqu'à tous égards les mêmes effets. „La pierre aiant été échauffée dans de l'eau „bouillante, le côté A montroit, comme au- „paravant le côté B, une vertu attractive et ré- „pulsive, et suivoit dans ces effets exactement „les mêmes régles que le côté B, avec cette seule „différence très - remarquable, que le côté A „n'étoit pas négativement électrique comme le „côte B, mais produisoit une Electricité positive."

OBSERVATION. —

Une déscription exacte de ces expériences seroit assés inutile d'autant qu'il faudroit repéter presque tout ce que j'ai dit jusqu'ici. Il suffit d'observer, que dans ces mêmes expériences les effets ne diffèrent en rien des précédens, pourvû qu'on se serve d'un tube de verre dans les cas, où l'on employoit auparavant un baton de cire d'Espagne, et réciproquement. Si l'on se rappelle maintenant les régles découvertes par Mr. Du Fay, que les corps

qui

qui ont une Electricité de la même efpèce fe repouffent les uns les autres, et que ceux qui ont une Electricité d'une efpèce différente s'attirent, on verra facilement qu'on doit attribuer au côté B de la *Tourmaline* l'Electricité négative, et au côté A la pofitive.

Dans toutes les expériences précédentes je ne me fuis fervi que d'eau chaude pour échauffer la *Tourmaline*, mais je n'ai pas manqué dans la fuite d'emploier également d'autres matières fluides p. e. de l'huile, de l'efprit de vin, du Mercure etc. et l'effet a été toûjours le même.

Si l'on raffemble maintenant ces expériences, et fi l'on combine leurs réfultats, on ne fera plus de difficulté d'admettre pour régle fondamentale, que la *Tourmaline* devient véritablement électrique par la caléfaction. En effet, après avoir été chauffée, elle agit en attirant et en repouffant, à l'égal des corps électriques. Elle communique encore, comme eux, fa vertu aux autres corps qu'elle touche; enfin elle eft non feulement tout à fait femblable aux autres corps électriques en attirant et repouffant, mais encore en ce que par l'attouchement d'un corps non électrique, elle produit une lumière comme eux.

Si pourtant l'on confidere l'efpèce d'Electricité produite par la caléfaction dans la *Tourmaline*, on voit par les expériences faites jusqu'ici, qu'elle n'eft pas la même des deux côtés. La *Tourmaline* reçoit manifeftement les deux Electricités au même moment, et dans les

C 2

expé-

expériences précédentes le côté plat B de la
grande *Tourmaline* devient toûjours négativement
et le côté convexe A poſitivement électrique.

VIII. EXPERIENCE.

„Toutes les expériences précédentes que j'avois
„faites ſur la plus grande *Tourmaline*, je les re-
„petai ſur la plus petite. Le ſuccès fût confor-
„me à tous égards, à cette différence près que le
„côté plat de la plus petite *Tourmaline a* ne fût
„pas poſitivement électrique, comme le côté
„plat de la plus grande A, mais plutôt négative-
„ment électrique: le côté convexe *b* au con-
„traire ne fût pas négativement électrique, comme
„le côté convexe B, mais poſitivement éle-
„ctrique. „

OBSERVATION.

La différence qu'on obſerve entre les deux
Tourmalines eſt très remarquable. Comme toutes
les deux ſuivent conſtamment la régle, que par
la caléfaction un côté de la pierre reçoit l'Electricité oppoſée à celle de l'autre côté, il faut
qu'il y ait une raiſon, pourquoi le côté déterminé
eſt toûjours et ſans exception poſitivement électrique et 'l'autre négativement. On pourroit
croire que la figure extérieure de chaque côté
contient cette raiſon, et c'eſt auſſi ce que je conjec-
turai d'abord. Mais la figure de mes deux
pierres eſt entièrement égale, et non obſtant cela
les côtés ſemblables produiſent une Electricité
toute

toute différente : les côtés diffemblables au contraire ont conftamment la même Electricité.
Cette raifon n'eft donc pas fondée dans la figure
extérieure de chaque côté, mais dans la difpofition
et ftructure intérieure de la pierre même. C'eft
une chofe d'autant plus furprenante que la meilleure vuë, loin d'y découvrir quelque différence,
apperçoit au contraire, que la pierre eft parfaitement homogéne dans fa fubftance.

Il n'eft pas moins fingulier que dans toutes
ces expériences la *Tourmaline* devient électrique
étant plongée dans l'eau, on fait que rien n'em-
pêche davantage l'Electricité et ne l'anéantit plus
promptement que l'humidité. Malgré tout cela
il fe produit dans la *Tourmaline*, au milieu même
de l'eau, une Electricité très - fenfible.

La reffemblance particulière qui paroît dans
ces expériences entre la *Tourmaline* et l'Aimant
mérite auffi d'être obfervée. La *Tourmaline* attire de fes deux côtés des corps non électrifés,
comme les deux poles d'un Aimant attirent un
fer qui n'eft pas aimanté. Mais fi la *Tourmaline*
agit fur des corps électrifés, l'un de fes côtés
attire les corps que l'autre repouffe, et au contraire l'autre côté attire ceux que le prémier a repouffés. l'Aimant agit de même fur du fer aimanté, et la même régle a également lieu à l'égard
de ces deux pierres; c'eft à dire, que tous les
corps qui ont la même efpèce de vertu électrique
ou magnétique, fe fuyent les uns les autres, mais

C 3   que

que ceux qui en ont une différente, s'attirent réciproquement.

A la vuë d'une fi grande conformité, peut-
on s'empêcher de croire que la nature fe fert
peut-être de moyens analogues pour produire les
effets de l'Electricité et de l'Aimant? cette pen-
fée eft fi naturelle qu'elle ne peut manquer de
s'offrir à chacun.   En voiant ces phénomènes
de la *Tourmaline*, elle m'eft d'abord venuë dans
l'efprit, et j'en ai parlé à plufieurs de mes
amis comme d'une chofe très-vraifemblable.
D'autres recherches m'ont tellement confirmé
dans mon fentiment que je le juge presque certain.   Mais comme je traiterai cette matière fé-
parément, il feroit inutile d'en parler ici plus
au long. *)

Il faut que je remarque encore une circonftance dont j'ai oublié de parler jusqu'à préfent.
Quoique la chaleur produife dans les expériences
faites jusqu'ici, l'Electricité dans la *Tourmaline*, il
ne faut pas croire pour cela que la liaifon de la
chaleur avec l'Electricité qu'elle produit foit in-
diffoluble, ou que l'Electricité finiffe quand la
chaleur eft paffée.   La *Tourmaline* devenue une
fois électrique par la chaleur, continue à l'être
après avoir entiérement perdu fa chaleur.   J'ai
trouvé

---

*) C'eft ce que j'ai déja fait dans le Traité intitulé:
Tentamen theoriae Electricitatis et Magnetifmi, imprimé ici en 1759.

trouvé en effet que l'Eleƈtricité de cette pierre a
été très - fenfible pendant la durée de fix heures
après la caléfaƈtion.

Les expériences précédentes nous apprennent
en général, que par la caléfaƈtion un coté de la
Tourmaline devient pofitivement éleƈtrique et l'autre négativement éleƈtrique; mais en confiderant
avec attention les e périences d'où cette régle a
été tirée, nous remarquons aifément, que de la
manière que j'ai chauffé la *Tourmaline*, dont je me
fuis fervi jusqu'ici, elle a tou ours été chauffée, de
façon qu'il falloit que la chaleur s'éteadit uniformement par toute la pierre, ou qu'elle reçût des
deux côtés un égal dégré de chaleur. Car, puis-
qu'on la plonge ici foit dans de l'eau chaude, foit
dans d autres matières fluides échauffées, dans
le quelles la chaleur eft repanduc également, il
faut qu'elle f échauffe de meme de tous côtés, et
dans ces circonftances l'un de fes côtés ne peut
acquérir ni plus ni moins de chaleur que l'autre.
Cela étant, nous ne pouvons avec raifon admettre la régle, que par la caléfaƈtion un côté déterminé de la *Tourmaline* devient pofitivement éleƈtrique et l'autre négativement, que dans le cas où
la *Tourmaline* eft également échauffée de tous côtés. C'eft tout ce que nous apprennent les expériences faites jusqu'ici, et il fe pourroit fort bien
qu'en chauffant la *Tourmaline* d'une telle façon
que l'un de fes côtés acquiere plus de chaleur que
l'autre, la régle précédente n'eût plus lieu. Les
expériences fuivantes demontrent que cela eft

effe-

effectivement ainsi , et qu'on se tromperoit
fort, si l'on vouloit étendre la régle précédente à
tous les cas.

Pour me rendre plus intelligible, il me paroit nécessaire, d'expliquer préalablement quelques termes dont je me servirai dans la suite.
L'état où passe la *Tourmaline* par une caléfaction
uniforme, je l'appellerai *son état naturel*, le côté
de la *Tourmaline* qui dans ce cas reçoit constamment une Electricité positive , *côté positif*, et l'autre qui devient négativement électrique, *côté
négatif*.

IX. EXPERIENCE.

„Je mis la *Tourmaline* sur un charbon ardent, d'où
„ je l'ôtai avec de petites pincettes, après qu'elle
„ m'eût parû suffisamment échauffée, et je la po-
„ sai sur le pied mentionné ci-dessus, de façon
„ que son côté négatif étoit tourné en haut. Je
„ trouvai alors.

1) „ Que ce côté étoit devenu électrique, non
„ pas négativement, comme il l'est quand la
„ *Tourmaline* se trouve dans son état naturel, mais
„ positivement. Car après avoir communiqué son
„ Electricité au pendule, celui-ci fût repoussé par
„ un tube de verre électrique, et attiré par la cire
„ d'Espagne.

2) „ Si je tournois en haut le côté positif de la
„ pierre, je le trouvois négativement électrique.
„ Il étoit indifférent dans ces opérations, d'appli-
„ quer le côté positif ou négatif de la pierre au
„ charbon, car il en résultoit le même effet.

3) „ La

3) „La pierre ayant repofé pendant quel-
„ques minutes, je voulus réitérer les expérien-
„ces précédentes, mais je ne trouvai plus alors
„la *Tourmaline* dans l'état où elle avoit été dès
„le commencement. Elle avoit au contraire
„paffé d'elle même à fon état naturel', et fon
„côté pofitif n'étoit plus négativement électri-
„que, mais pofitivement; de même fon côté né-
„gatif n'étoit plus pofitivement électrique, mais
„négativement. „

OBSERVATION.

Les phénomènes de cette expérience m'em-
barafferent beaucoup au commencement. Crai-
gnant d'y avoir commis quelque faute, je la réité-
rai fort fouvent avec toute la précaution imagi-
nable, mais il en réfultoit toujours le même effet.
Ne pouvant donc plus douter de la vérité du
fait, je me mis à examiner attentivement toutes
les circonftances, pour demêler celle qui contient la raifon pourquoi l'effet de cette dernière
expérience diffère de l'effet des précédentes.
Je remarquai qu'il y avoit une différence dans
la manière particulière de chauffer la *Tourmaline*. Dans les expériences précédentes un fluide
par tout également échauffé environnoit la *Tourmaline*. Il falloit par conféquent que la pierre
acquit dans toutes fes parties une égale chaleur.
Mais dans la dernière expérience la *Tourmaline*
eft infailliblement plus échauffée d'un côté que
de l'autre, puisque le côté qui touche le charbon reçoit le prémier la chaleur, et doit ainfi

C 5   être

être plus chaud que l'autre, du moins tant que
la pierre reſte ſur le charbon. Quand même,
on ôte la pierre, le côté qui touchoit le charbon, conſervera néanmoins plus de chaleur que
l'autre. Cependant cette différence de chaleur
des deux côtés de la pierre ne dure pas. Car
puisque la chaleur s'etend toujours d'elle-même
également, il faut qu'elle paſſe des parties les
plus chaudes de la *Tourmaline* dans ſes parties
les plus froides, jusqu'à ce quelle ſe ſoit également repandue dans touté ſa ſubſtance.

J'eſpérois de trouver dans cette circonſtance la raiſon que je cherchois et il me parût
fort vraiſemblable qu'on peut établir ſur les proprietés de la *Tourmaline* les deux régles ſuivantes.
1) Si la *Tourmaline* eſt également chaude de tous
côtés, elle ſe trouve toujours dans ſon état naturel; 2) Si la chaleur n'eſt pas diſtribuée également dans toutes les parties de la *Tourmaline,*
ou ſi l'un des cotés eſt plus chaud que l'autre,
elle eſt dans l'état contraire, c'eſt à dire, le côté
poſitif eſt négativement électrique, et le coté négatif l'eſt poſitivement.

La vérité de ces régles me parût d'autant
moins douteuſe, qu'en les admettant pour certaines, le phénomene ſingulièr que la *Tourmaline* retourne d'elle-même à ſon état naturel,
peut très-aiſément être expliqué par là. Car
lorsqu'on ôte la *Tourmaline* de deſſus le charbon,
elle n'eſt encore échauffée que d'une manière inégale, et ſe trouve alors ſelon la ſeconde régle

dans

dans l'état contraire. Mais la chaleur s'étant enfuite repandue également d'elle-même dans toute la pierre, elle fe trouve felon la prémiere régle dans fon état naturel.

J'entrepris encore les expériences fuivantes pour m'affûrer parfaitement de la juftelfe de ma conjecture.

X. EXPERIENCE.

,, Après avoir bien chauffé une plaque de métal ,, affés épaffe, je la mis fur le pied que j'ai mar- ,, qué précédemment, et je pofai fur la dite pla- ,, que la *Tourmaline*, de façon que fon côté né- ,, gatif étoit en haut. Elle devint auffitôt éle- ,, ctrique, mais le côté négatif de la pierre tour- ,, née en haut ne fût pas négativement électri- ,, que, mais pofitivement. La *Tourmaline* refta ,, affez long tems dans cet état, et au lieu que ,, dans l'expérience précédente elle retournoit à ,, fon état naturel pendant l'efpace de quelques ,, minutes, et quelque fois même en moins d'une, ,, elle n'y parvint dans cette dernière expérien- ,, ce qu'après un intervalle beaucoup plus long; ,, et fouvent même après 4 ou 5 minutes. ,, 1, 2, jusqu'à 3 minutes s'étant écoulées pen- ,, dant la durée de cette expérience, j'approchai ,, de la pierre le pendule auquel j'avois donné ,, une Electricité pofitive. Il n'étoit plus repouffé ,, alors par tous les endroits du côté tourné en ,, haut, mais quelques endroits de ce côté fitués ,, tout près des autres, l'attirerent. Au con-
,, traire

„ traire ſi je donnois au pendule l'Electricité né-
„ gative, il étoit attiré par les mêmes endroits qui
„ l'avoient repouſſé, et repouſſé par ceux qui
„ l'avoient attiré, étant poſitivement électrique. Le
„ côté de la *Tourmaline* tourné en haut n'étoit
„ donc pas alors tout à fait poſitivement électri-
„ que, ni tout à fait négativement, mais il y avoit
„ quelques endroits doués de l'Electricité poſitive,
„ et d'autres doués de l'Electricité négative. Quel-
„ ques minutes après je trouvai le côté tourné
„ en haut de la *Tourmaline* par tout négative-
„ ment électrique, et la pierre reſta enſuite dans
„ cet état ſans autre changement. „

OBSERVATION.

On voit par cette expérience que le re-
tour de la *Tourmaline* à ſon état naturel ne ſe fait
pas tout à coup, ni dans toutes ſes parties en
même tems, mais bien par dégré; d'autant que
quelques endroits négativement électriques paroiſſent d'abord ſur le côté négatif, qui au commencement de cette expérience étoit poſitivement électrique, et ne ceſſent de s'élargir jusqu'à
ce que l'Electricité poſitive de ce coté s'anean-
tiſſe entièrement.

XI. EXPERIENCE.

„ J'ai opéré dans cette expérience comme dans
„ la précédente, à cela près, qu'ici le côté po-
„ ſitif de la *Tourmaline* étoit tourné en haut, et
„ l'effet fût exactement conforme à celui de l'ex-
„ périence précédente; c'eſt à dire, le côté poſitif
„ fût

,, fût d'abord négativement électrique, mais il de-
,, vint de lui-même négativement électrique en
,, 4 ou 5 minutes. La *Tourmaline* fût donc au
,, commencement de cette expérience comme
,, dans la première dans l'état contraire, mais elle
,, retourna à son état naturel de la même manière
,, qu'auparavant. ,,

OBSERVATION.

Lorsque je me servois dans ces deux expériences, au lieu d'une plaque de métal, d'un
morceau de verre, ou de quelqu'autre matière,
l'effet des expériences étoit malgré cela toûjours le même.

Le succés de ces deux expériences s'accorde fort bien avec la feconde régle que jai donnée ci-deffus, particulièrement en ce qu'il faut
ici beaucoup plus de tems à la *Tourmaline* pour
retourner à son état naturel, que dans l'expérience
IX. En effet la caléfaction par tout uniforme
de la *Tourmaline* ne peut pas fe faire dans ces
expériences auffi promptement, que dans le cas
précédent. Le côté de la pierre qui touche le
métal, reçoit toûjours plus de chaleur, et la
diftribution uniforme de la chaleur ne fe fait, que
quand la *Tourmaline* a atteint le même dégré de
chaleur que le métal fur lequel elle eft pofée.
Mais fi l'on ôte la pierre de deffus le charbon, ou
de deffus le métal chaud, comme dans l'expérience IX, la diftribution uniforme de la chaleur
arrivera beaucoup plûtôt, que lorsqu'elle reçoit

fans

fans ceſſe une nouvelle chaleur. Puisque ſelon
la ſeconde régle la *Tourmaline* ne ſauroit arriver à
ſon état naturel avant la diſtribution uniforme de
la chaleur. Il lui eſt donc très - conforme, que la
Tourmaline dans l'expérience préſente retourne
beaucoup plus lentement à ſon état naturel, que
dans l'expérience IX.

XII. EXPERIENCE.

„'e chauffai fortement d'une manière égale, au-
„ta t qu'il me fût poſſible, deux plaques de métal
„et mis alors la *Tourmaline* entre elles, de ſorte
„que l'une de ces plaques touchoit le côté po-
„ſitif et l'autre le côté négatif de la pierre. La
„croyant aſſés chaude, je la poſai ſur le pied
„marqué ci-deſſùs, et je la trouvai alors dès le
„commencement dans ſon état naturel, où elle
„reſta ſans changer; je vis le même effet quand
„'e mettai la *Tourmaline* entre deux charbons
„ardents. „

XIII. EXPERIENCE.

„Après avoir mis la *Tourmaline* ſur le pied dont
„j'ai parlé ſi ſouvent, je raſſemblai les rayons du
„ſoleil avec un miroir ardent, de ſorte que
„le foyer tomboit ſur la ſurface ſupérieure de
„la pierre. Par cette manière de chauffer, la
„*Tourmaline* acquit d'abord l'Electricité, mais
„elle fit dans l'état contraire. Elle retourna
„cependant dans peu à ſon état naturel. „

Il paroît très-clairement par toutes les expériences faites jusqu'à préfent, que la *Iourma-
ine* eft dans fon état naturel toutes les fois qu'elle
eft partout chauffée également. Au contraire,
ſi elle l'eft inégalement, elle eft d'abord dans
l'état oppofé, et ne retourne à fon état naturel
plûtôt ou plus tard, qu'à proportion du tems que
la diſtribution égale de chaleur fe fait. Ces
preuves me paroiſſent fi convaincantes, qu'il ne
peut refter aucun doute fur la vérité de la feconde régle que j'ai pofée précédemment. L'expérience fuivante la confirme cependant encore davantage.

XIV. EXPERIENCE.

„J'agis en tous points comme dans la X et XI
„expérience, mais la *Tourmaline* étant reſtée à
„peu près une minute fur la plaque de laiton,
„et fe trouvant dans l'état oppofé, je la ren-
„verfai de forte que le côté qui avoit été aupa-
„ravant en haut, touchoit la plaque. Il en ar-
„riva alors en peu de tems, ordinairement en
„deux minutes à peu près, qu'elle retournoit à
„fon état naturel.„

On comprend fans peine que dans cette manière d'opérer, quand après avoir chauffé un côté
de la pierre, on la retourne de manière que le
côté le plus froid touche le métal chaud, la
caléfaction égale doit fe faire beaucoup plûtôt
que

que dans les expériences X et XI. Et en effet
la *Tourmaline* acquiert alors son état naturel plus
promptement que dans les expériences précédentes, comme l'exige ma seconde régle.

Convaincu d'avoir suffisament examiné les
phénomènes de la *Tourmaline* et les régles qu'elle
suit dans ses effets lorsqu'elle est echauffée, je
passai à d'autres expériences. Puisque la *Tourmaline* appartient au genre des pierres précieuses,
qui, selon les découvertes de Mr. Du Fay, sont
électriques par elles-mêmes, je ne pouvois
douter que cette même qualité ne pût lui être
attribuée. Par là je prévis, qu'en la frottant elle
devoit devenir électrique, comme tous les autres corps de cette espèce. Il ne me restoit
donc qu'à examiner les régles que cette
pierre suit, lorsqu'elle devient électrique par le
frottement. Pour cet effet je fis les expériences suivantes.

XV. EXPERIENCE.

„Je mis le côté positif de la *Tourmaline* sur un
„drap, en couvrant l'autre du doigt, et je la
„frottai quelquefois contre le drap, mais fort
„légèrement et sans la trop presser. Après quoi
„je la posai sur le pied de verre, et je trouvai
„alors le côté de la pierre qui avoit touché le
„drap, positivement électrique, et l'autre qui
„avoit été couvert du doigt, négativement éle-
„ctrique.„

XVI. EX-

XVI. EXPERIENCE.

„Je fis la même expérience en mettant le côté
„négatif de la *Tourmaline* fur le drap et cou-
„vrant le pofitif du doigt. L'effet fût pareil à
„celui de l'expérience précédente, c'eft à dire,
„le côté frotté contre le drap devint pofitive-
„ment électrique, et celui qui étoit couvert du
„doigt, le devint négativement. Dans ces deux
„expériences la *Tourmaline* refta dans l'état où
„elle avoit été mife par le frottement, jusqu'à
„l'entiere extinction de l'Electricité. „

OBSERVATION.

Il faut frotter la *Tourmaline* très-légère-
ment pour réuffir dans ces deux expériences.
Car fi on la frottoit fortement, elle pourroit acquerir par là une chaleur fenfible. Or il eft
déja connu, qu'elle devient électrique par la
chaleur: par conféquent fi on la frottoit trop vio-
lemment, il fe pourroit faire, pour ainfi dire,
une confufion de l'Electricité produite par la
chaleur, avec celle, qui refulte du frottement, et
par là les Phénomènes fe confondroient. Au
refte il ne paroit rien dans ces expériences,
qui ne foit commun à la *Tourmaline* avec les
autres pierres précieufes et corps électriques
de l'efpèce du verre. Le côté de la *Tourmaline*
quelqu'il puiffe être, qu'on a frotté contre le
drap, devient toûjours pofitivement électrique.
Par où l'on voit, que par râport à l'Electricité
produite par le frottement, les côtés de cette

D pierre

pierre ne different en rien l'un de l'autre, quoiqu'en égard à l'Electricité produite par la chaleur, ils foient doués de qualités, entiérement
oppofées.

On remarque néanmoins un phénomène
dans ces expériences qu'on pourroit foupçonner
de convenir uniquement à la *Tourmaline*. C'eft
que le côté couvert du doigt pendant le frottement, devient négativement électrique. Ce phénomène me parut nouveau à moi-même. C'eft
pourquoi je le regardai d'abord comme une
qualité propre à la *Tourmaline*. Mais quelques reflexions et expériences faites en conféquence m'apprirent, qu'elle étoit commune à
tous les corps de l'efpèce du verre, et même
auffi en quelque forte à tous les corps électriques par eux mêmes. Après avoir é aminé
avec plus d'attention la caufe du Phénomène
dont je viens de parler, je trouvai dans la Théorie de FRANCKLIN une explication qui me fa-
tisfit parfaitement. Tandis qu'on frotte fur le
drap le côté A B de la *Tourmaline* Fig. VII. la
matière électrique s'y accumule et s'y augmente
au-delà de la quantité naturelle. Mais comme la
Tourmaline eft un corps électrique par lui-même,
la matière électrique ne peut la pénétrer que difficilement. Car c'eft en quoi fe diftinguent les
corps électriques par eux-mêmes des non électriques. Ainfi la matière électrique condenfée
dans A B ne pourra pénétrer toute la *Tourmaline*, mais feulement jufqu'à une certaine pro-
fon-

fondeur; p. e. jusqu'à la ligne E F. Or puisque les parties de la matière électrique se repoussent entre elles, et se fuyent mutuellement ; comme FRANCKLIN l'a démontré par des expériences convaincantes ; la matière électrique condensée dans l'espace A B E F doit forcer celle qui est contenue dans la partie E F C D, à se retirer vers la superficie C D ; si donc cette superficie est touchée par le doigt ou par quelqu'autre corps non électrique, la matière électrique sera forcée d'y entrer en partie. La partie E F C D se vuidera ainsi de matière électrique, ou deviendra négativement électrique.

Je regarde sans difficulté cette explication, comme la véritable, puisque d'un côté elle est tirée d'une Théorie, dont la vérité a été prouvée par son auteur de la manière la plus convaincante, et que d'un autre côté elle s'accorde parfaitement avec le phénomène.

On comprend aisément, que cette explication ne peut pas moins être appliquée à tous les corps de l'espèce du verre, qu'à la *Tourmaline*, car elle ne suppose rien autre chose, si non que la *Tourmaline* est douée des propriétés d'un corps électrique par lui-même de l'espèce du verre : ce qui servit à me convaincre que ce phénomène a lieu dans tous les corps de cette espèce, et c'est sur quoi les expériences suivantes ne laissent aucun doute.

D 2

XVII.

XVII. EXPERIENCE.

„Je pris une Lentille de verre convexe qui pou-
„voit être commodement couverte du doigt, et
„je la frottai comme la *Tourmaline*. L'effet fût
„alors semblable à celui de l'expérience précé-
„dente; c'est à dire que le côté frotté contre le
„drap fût positivement électrique, et le côté cou-
„vert du doigt négativement électrique. Il en
„fût de même d'une cornaline octogone de l'é-
„paisseur d'une demi-ligne à peu près, et plate
„des deux côtés. „

OBSERVATION.

Quelque chose de pareil doit avoir lieu dans
les corps résineux, ou dans ceux qui par le frottement contre un drap reçoivent l'Electricité négative. Lorsque le doigt touche la superficie
CD d'un tel corps, Fig. VII. la matière électrique contenuë dans le doigt sera attirée par les
parties qui composent le corps ABCD; mais
elle sera repoussée par la matière électrique qui
est contenuë dans ce corps. Ainsi tant que le
corps ABCD n'est pas frotté, et qu'il contient
encore la quantité naturelle de la matière électrique, cette attraction et répulsion se contreba-
lancent, et pour lors aucune partie de la matière
électrique contenuë dans le doigt ne peut passer
dans le corps ABCD. Mais si ce corps est frotté
contre le drap, la superficie AB devient vuide
de matière électrique, et conséquemment celle
qui est dans le doigt, qui touche la superficie CD

sera

fera attirée avec autant de force qu'auparavant, mais elle ne fera pas repouſſée de même. Elle obéira ainſi à l'attraction et paſſera dans la ſuper- ficie C D. Comme le corps A B C D eſt éle- ctrique par lui-même, elle ne peut s'y mouvoir que très difficilement. Elle ne pourra donc le pé- nétrer entiérement mais ſimplement jusqu'à une certaine profondeur, p. e. jusqu'à la ligne G H. La matière électrique s'accumulera donc dans l'eſpace G H C D et par conſequent la ſuperficie C D deviendra poſitivement électrique. Les ex- périences ſuivantes confirment parfaitement la vérité de ces concluſions.

XVIII. EXPERIENCE.

„Je frottai contre un drap, comme j'avois fait
„ avec la *Tourmaline*, un morceau d'Ambre de
„ l'épaiſſeur d'une demi-ligne environ, et plat des
„ deux côtés, qui pouvoit être entiérement couvert
„ avec le doigt. En l'examinant je trouvai le côté
„ frotté contre le drap négativement électrique,
„ et celui, qui avoit été couvert du doigt, poſitive-
„ ment électrique. Un morceau très mince de
„ ſouffre, ou de cire d'Eſpagne, au lieu de l'Ambre,
„ produiſoit le même effet.„

XIX. EXPERIENCE.

„On ſait par quelques expériences de Mr.
„ CANTON, qui ſe trouvent dans les Transactions
„ philoſophiques, Vol. XLVIII. P. II. p. 780. qu'un
„ verre taillé mat frotté contre un drap, ne produit
„ pas, comme un verre poli, l'Electricité poſitive,

     „ mais

„ mais la négative.   C'eſt pourquoi je taillai mat
„ un des côtés de la lentille de verre dont je m'étois
„ ſervi dans l'expérience XVII.

    1) „ Quand je mettois alors le côté mat ſur
„ le drap, et le doigt ſur celui qui étoit poli, et
„ le frottois de la manière décrite ci-deſſus, le
„ côté mat devenoit négativement électrique, et
„ le côté poli poſitivement électrique.

    2) „ Quand je frottai le côté poli contre le
„ drap, en couvrant du doigt le côté mat, le
„ premier devenoit poſitivement électrique et le
„ dernier négativement électrique. „

XX. EXPERIENCE.

„ Je taillai auſſi mat l'autre côté de cette même
„ lentille. Si je la frottois alors de la manière pré-
„ ſcrite, le côté frotté contre le drap, devenoit
„ toujours négativement électrique, et l'autre,
„ qui avoit été couvert par le doigt poſitivement
„ électrique. „

OBSERVATION.

Ces expériences s'accordent parfaitement
avec ce que j'ai déduit auparavant de la théorie, et mettent hors de conteſtation la verité de cette règle, qu'en ſuivant la methode
d'opérer décrite ci-deſſus, le côté du corps frotté
contre le drap acquiert toûjours l'Electricité op-
poſéc à celle, que reçoit celui qui a été couvert
du doigt.

Il eſt aiſé de comprendre, que le ſuccés de l'expérience doit être tout à fait différent, lorsque le côté dun tel corps mince, lequel n'eſt pas poſé ſur le drap, n'eſt touché ni par le doigt, ni par aucun autre corps non électrique. C'eſt à dire, qu'en ce cas, les deux côtés doivent recevoir toûjours la même Electricité. Car ſi l'on admet, que la matière électrique eſt accumulée ſur la ſuperficie A B Fig. VII. et dans l'eſpace A B C D, elle chaſſe par la repulſion la matière qui ſe trouve dans la partie E F C D contre la ſuperficie C D. Elle ſe mouvra donc vers elle, et ſi elle n'y trouve aucun corps non électrique par lequel elle puiſſe s'écouler facilement, elle abandonnera en partie l'eſpace E F G H, et ſe condenſera vers la ſurface C D, dans l'eſpace G H C D, par conſéquent ce côté deviendra poſitivement électrique. Si au contraire l'eſpace A B E F devient vuide de matière électrique, la force par laquelle la matière électrique contenue dans E F C D a été auparavant repouſſée, diminuera. Cette matière doit donc ceder à l'attraction des parties dont eſt compoſé le corps A B C D, et ſe porter vers E F; ſi donc la ſuperficie C D ne touche à aucun corps non électrique, de façon qu'aucune matière électrique ne puiſſe entrer en C D, elle abandonnera l'eſpace C D G H, qui par là deviendra vuide, et la ſuperficie C D ſera négativement électrique.

D 4   Les

Les expériences fuivantes confirment ce raifonnement, tant par raport à la *Tourmaline*, qu'aux autres corps électriques par eux mêmes.

XXI. EXPERIENCE.

„J'attachai avec un peu de cire d'Efpagne la
„*Tourmaliue* A B Fig. VIII. à un tube mince de
„verre B C, et frottai fort doucement fon côté
„A B contre du drap. Les deux côtés de la
„*Tourmaline* devinrent alors pofitivement électri-
„ques, car elle repouffa des deux côtés le pen-
„dule, qui étoit pofitivement électrique. Il
„étoit indifférent dans cette expérience, de frot-
„ter le côté pofitif ou négatif de la pierre, et
„la *Tourmaline* refta dans l'état, ou elle avoit
„été mife par le frottement, fans aucun change-
„ment, jusqu'à l'entiere extinction de l'Electri-
„cité. „

XXII. EXPERIENCE.

„Procedant de la même manière avec la lentille
„de verre employée dans l'expérience XVII,
„avant quelle fût taillée mate, l'effet fût éxacte-
„ment le même, que celui de la *Tourmaline*. „

XXIII. EXPERIENCE.

„Je collai le morceau d'Ambre, dont je m'étois
„fervi dans l'expérience XVIII. à un tube de
„verre, et l'ayant frotté contre un drap, je trou-
„vai les deux côtés négativement électriques.
„La cire d'Efpagne et le fouffre produifirent le
„même effet. „

XXIV.

XXIV. EXPERIENCE.

„ Après avoir taillé mat un côté de la lentille de
„ verre, dont on a parlé ci-deſſus, je procedai de
„ la même manière.   Alors

   1) „ quand je frottois le côté taillé mat con-
„ tre le drap, les deux côtés devenoient négati-
„ vement électriques.   Au contraire

   2) „ quand le côté poli étoit frotté, les deux
„ côtés devenoient poſitivement électriques. „

XXV. EXPERIENCE.

„ Les deux côtés de la lentille étant taillés mats,
„ devenoient, par le frottement fait de la même
„ manière que ci-deſſus, tous deux négativement
„ électriques. „

OBSERVATION.

Tout ce qui vient d'être rapporté, prouve, qu'après avoir communiqué l'Electricité à la Tourmaline par le ſimple frottement, elle produit le même effet, que tous les autres corps électriques de l'eſpèce du verre. L'Electricité produite dans la Tourmaline par le frottement, n'a donc rien de particulier, mais celle qu'on lui procure par la chaleur ſuit des règles toutes différentes et uniquement propres à la Tourmaline.

On diſtingue ainſi évidemment deux Electricités dans la Tourmaline, dont l'une eſt éxactement la même, que celle, qui eſt commune à tous les corps de l'eſpèce du verre, et l'autre produite par la chaleur eſt toute différente de la première.

D 5

Dans

Dans les expériences mentionnées jusqu'ici de ces deux Electricités propres à la *Tourmaline*, l'une a toûjours été produite sans l'autre, néanmoins il eft auffi poffible de les produire toutes les deux à la fois. L'union des deux Electricités fait voir alors des phénomènes qui paroiffent fort irreguliers et confus. J'ai recherché par les expériences qui fuivent, tous les cas qui peuvent fe prefenter.

XXVI. EXPERIENCE.

„Je mis le côté négatif de la *Tourmaline* fur un „drap, et le doigt fur le côté oppofé; je la frottai „fortement et jusqu'à ce qu'elle fût fort échauffée, „et la pofai enfuite fur le pied Fig. II.

1) „Je trouvai d'abord le côté frotté contre „le drap pofitivement, et l'autre négativement „électrique.

2) „Au bout d'un efpace de tems confi-„derable je remarquai: Que la *Tourmaline* avoit „changé d'elle même fon état et qu'elle étoit „retournée dans celui qui lui eft naturel. C'eft „à dire, je trouvai alors le côté négatif de la „pierre frotté contre le drap négativement éle-„ctrique, et le côté pofitif touché du doigt po-„fitivement électrique."

OBSERVATION.

Il n'y a aucun doute, qu'en ce cas les deux Electricités de la *Tourmaline* ne foient produites en même tems. Les phénomènes finguliers, qui fe prefentent dans cette expérience proviennent donc fans contredit de l'union de ces deux Electricités, et on peut leur donner une explication fort naturelle fi l'on admet, que l'Electricité produite par le frottement eft plus vive et plus forte, mais de moins de durée que celle, qui provient de la chaleur. Attendu que durant le frottement le côté de la *Tourmaline* frotté contre le drap devient plus chaud que l'autre, il faut, que la pierre foit d'abord dans l'état contraire, où fon côté négatif eft pofitivement électrique, et le côté pofitif négativement électrique. Le frottement mettant la *Tourmaline* précifement dans le même état, on comprend aifement, que d'abord on ne peut la trouver que dans l'état contraire. Mais quelque tems après la chaleur fe répand également par toute la *Tourmaline*, et pour lors elle retourne dans fon état naturel. Elle doit donc fe trouver dans cet état auffitôt que l'Electricité produite par le frottement a ceffé.

XXVII. EXPERIENCE.

„Je procedai dans cette expérience comme dans „la précédente, excepté, que je frottai le côté „pofitif de la *Tourmaline* contre le drap, et „trouvai:

1) „Au commencement le côté frotté pofiti„vement électrique, et celui qui avoit été couvert „du doigt négativement électrique.

2) „La *Tourmaline* demeura en cet état fans au„cun changement, jusqu'à l'entière extinction „de l'Electricité.„ OBSER-

OBSERVATION.

Dans cette expérience la chaleur devoit d'abord mettre la pierre dans l'état contraire, et le côté positif frotté contre le drap devenir négativement électrique, comme le côté négatif devoit devenir positivement électrique. Mais si nous considerons l'Electricité produite par le frottement, il doit arriver directement le contraire. Cette derniere Electricité étant plus forte et plus vive que celle qui est produite par la chaleur, elle doit se manifester au commencement toute seule. Supposé donc, que l'Electricité produite par le frottement vint à cesser avant que la chaleur se fût repanduë également par toute la *Tourmaline*, l'Electricité produite par la seule chaleur commenceroit alors à paroître et il sembleroit que la *Tourmaline* étoit passée d'elle même de son état naturel a l'état contraire; or l'Electricité produite par le frottement ne disparoit pas en aussi peu de tems, qu'il en faut, pour que la chaleur se répande par toute la pierre, qui par consequent est déja retournée d'elle même dans son état naturel. Après l'entiére extinction de l'Electricité produite par le frottement, on doit donc trouver la *Tourmaline* dans cet état, savoir que son côté positif soit positivement électrique, et son côté négatif, négativement électrique.

XXVIII. EXPERIENCE.

„Je collai la *Tourmaline* à un tube de verre de la
„ manière décrite dans l'expérience XXI. et frottai
„ son-

„ fon côté négatif jusqu'à un degré de chaleur
„ confiderable.   Alors

1) „ Les deux côtés de la *Tourmaline* fûrent da-
„ bord *pofitivement électriques.*

2) „ Le côté pofitif de la pierre demeura con-
„ ftamment *pofitivement électrique*, mais le côté né-
„ gatif changea de lui même fon état, et devint
„ *négativement électrique.* „

XXIX. EXPERIENCE.

„ En frottant de la même manière le côté pofitif
„ de la pierre.

1) „ Les deux côtés fe trouverent dabord *po-
„ fitivement électriques.*

2) „ Le côté pofitif demeura pofitivement éle-
„ ctrique, mais le côté négatif devint de lui même
„ *négativement électrique.* „

OBSERVATION.

L'Electricité produite par le frottement dans
les deux expériences, ne fe diffipe que lorsque
la chaleur s'eft communiquée également à toute
la *Tourmaline*.   Mais comme elle eft plus forte
que l'Electricité qui eft produite par l'échauffement, elle fe montre d'abord toute feule, et après
fon extinction la dernière paroit feule. Dans l'une
et l'autre expérience le côté pofitif doit donc refter toûjours pofitivement électrique, et le côté négatif doit changer fon état et devenir *négativement*
électrique.

Les expériences que je viens de décrire conftatent les propriétés que j'ai attribuees à la *Tour-*
maline

malité et j'ofe efpérer qu'on ne revoquera pas en doute les affertions contenuès dans mon premier mémoire; la defcription circonftantiée de mes expériences, mettent chacun à même de fe convaincre par fes propres recherches de la jufteffe de mes obfervations.

Pour faciliter ce travail aux Phyficiens, j'ai difpofé mes expériences de manière que les loix de l'Electricité de la *Tourmaline* fe font connoître du premier coup d'oeil fans fuivre l'ordre des expériences, par le moïen desquelles j'ai fait toutes ces découvertes. On s'imagine facilement que ce n'eft qu'après plufieurs tentatives infructueufes, que je fuis parvenu à découvrir les *propriétés fingulières* de la *Tourmaline*. Mais depuis que je les connois je me fuis trouvé en état de rédiger mes expériences dans un tel ordre, qu'un petit nombre en fuffife pour répandre affé de lumiére fur tout ce qui concerne cette pierre merveilleufe. Ce n'eft pas fans détours que l'on peut arriver en un lieu dont la fituation n'eft pas determinée; mais dès qu'elle eft connue, il eft facile d'en prendre le droit chemin.

Quoique les expériences décrites jusqu'ici fuffifent pour faire connoître les propriétés de la *Tourmaline*, je ne faurois néanmoins me difpenfer d'en ajouter quelques unes. Elles n'apprennent à la verité rien de nouveau, mais elles font affés remarquables pour ne les pas paffer fous filence.

XXX.

XXX. EXPERIENCE.

„ Je fis un peu creuſer une petite plaque de laiton
„ très mince de figure elliptique et un peu plus
„ petite que la *Tourmaline*, A B Fig. IX. de façon
„ que la *Tourmaline* K L avec ſon côté convexe
„ K A B L put y repoſer commodément. Je fis
„ ſouder le tuyeau C D, au bas de ce petit baſſin,
„ au quel j'attachai un mince fil de fer courbé
„ B F G. Je fis faire encore une autre plaque
„ mince mais plate H I, qui étoit pareillement el-
„ liptique et un peu plus petite que la *Tourmaline*,
„ du milieu de laquelle ſortoit perpendiculairement
„ un fil de fer. Je mis la *Tourmaline* après l'avoir
„ échauffée dans l'eau bouillante entre ces deux pla-
„ ques de la manière décrite dans la figure. C'eſt à
„ dire j'enclavai le tuyau de verre D E dans le tube
„ C D. Je poſai la *Tourmaline* ſur la plaque A B,
„ de façon que ſon côté plat ſe trouvoit en haut
„ le quel je couvris de la plaque H I. Je ſuſ-
„ pendis alors le pendule M L, de ſorte que la
„ petite boule de liège M étoit ſuſpenduë à égale
„ diſtance des deux fils de fer B F G et N K; le
„ pendule fût auſſitôt attiré et repouſſé alternati-
„ vement ſe portant par un mouvement fort prompt
„ d'un fil de fer à l'autre. Cette attraction et repul-
„ ſion alternative, duroit pour l'ordinaire fort long-
„ tems et ſouvent même plus d'une heure. „

OBSERVATION.

Cette agréable expérience n'apprend à la
vérité rien de nouveau, mais elle confirme très
claire-

clairement quelques-unes des loix mentionnées ci-deſſus. Comme la *Tourmaline* communique ſon Electricité aux corps qu'elle touche, et que la ſuperficie platte K H I L eſt dans cette expérience *négativement électrique*, le côté K A B L au contraire poſitivement électrique, il s'en ſuit que le fil K N devient négativement, et le fil B F G poſitivement électrique. Le pendule, qui d'abord eſt non électrique, eſt donc attiré dès le commencement par le fil K N qui lui communique en le touchant l'Electricité négative. Après quoi le même fil repouſſe le pendule et alors le fil F G, qui eſt poſitivement électrique l'attire fortement. Le pendule eſt donc obligé de quitter auſſitôt K N, et de ſe mouvoir vers F G; dès qu'il touche le fil F G, celui-ci lui ôte l'Electricité négative, et lui communique au contraire la poſitive: le pendule eſt par conſequent auſſitôt repouſſé par F G, et attiré par K N, retournant de F G à K N, allant ainſi ſans ceſſe, par la raiſon qu'on vient d'alléguer, de l'un à l'autre, tant que l'Electricité eſt dans ſa vigueur.

Outre que cette expérience démontre très clairement la vertu oppoſée des deux côtés de la *Tourmaline*, je la trouve trés-remarquable par la reſſemblance qui ſe découvre dans cette pierre avec l'Aimant. Les plaques A B et H I tiennent en quelque façon lieu d'armature et les fils de fer K N et F G, ſont pour ainſi dire les poles artificiels, qui en ce cas ont des vertus contraires, comme ceux de l'Aimant.

XXXI. EX-

XXXI. EXPERIENCE.

„Je repetai cette expérience obſervant les mêmes
„circonſtances que dans la précédente, avec la
„feule différence, que je joignis les deux fils
„KN et FG par un mince fil de laiton QR.
„Il ne ſe montra alors aucune Electricité ni en
„KN, ni en FG, et le pendule ne fit aucun
„mouvement de vibration de l'un à l'autre fil,
„comme dans l'expérience précédente. Mais
„dès que j'ôtai le fil QR, le pendule reprit le
„même mouvement que ci-devant. „

OBSERVATION.

Les fils KN et FG étant joints enſemble par
le fil QR, ne font pour ainſi dire qu'un ſeul corps
métallique. Le côté KHGL de la *Tourmaline*
lui donne l'Electricité négative et KABL la poſitive. Ces deux vertus oppoſées ſe détruiſent
donc l'une l'autre, et c'eſt pour cette raiſon, qu'aucun des fils ne montre d'Electricité. Mais dés
que le fil QR eſt ôté, KN et FG ceſſent
de faire une continuité, par conſequent l'effet
redevient le même, que dans l'expérience précédente.

XXXII. EXPERIENCE.

„Ici j'operai à tous égards comme dans la XXX.
„expérience, à cette différence près, que je n'é-
„chauffai pas la *Tourmaline* dans l'eau bouillante,
„mais ſur un charbon.

1) „L'effet fût dabord ſemblable à celui de la
„XXX. expérience,

E   2) „Le

2) „Le mouvement alternatif du pendule de
„ vint au bout d'un tems très-foible, et ceſſa en
„ fin entiérement.

3) „ Le mouvement alternatif du pendule re-
„ commença de lui même peu de tems après, et
„ continua ſans interruption pendant près d'une
„ heure. „

OBSERVATION.

On voit aiſément que dans cette expérience
la *Tourmaline* ſe trouve d'abord dans l'état contraire, et qu'alors le fil K N eſt poſitivement électrique, et F G l'eſt négativement. Mais comme
la *Tourmaline* retourne d'elle même dans ſon état
naturel, les fils K N et F G doivent perdre peu
à peu leur Electricité, et enſuite K N doit devenir négativement électrique et F G poſitivement.
Il eſt donc fort aiſé de comprendre la cauſe de ces
mouvemens diverſifiés du pendule.

XXXIII. EXPERIENCE.

„Je mis le côté plat de la *Tourmaline* ſur une pla-
„ que échauffée, et je couvris le côté oppoſé d'une
„ légère couche de pouſſiére de Lycopodium par
„ le moyen d'un poudrier. La pouſſiére en s'at-
„ tachant à la *Tourmaline* s'y rangea d'elle même
„ dans un certain ordre déterminé. Les particu-
„ les de cette poudre s'attacherent les unes aux
„ autres et formerent une infinité de petits fils
„ dont la pierre fût toute heriſſée. Les petits
„ fils qui s'élevoient du milieu de la pierre étoient
„ perpendiculaires à la pierre, et à meſure qu'ils
„ s'ap-

„ s'approchoient des bords, ils s'inclinoient de plus
„ en plus. „

OBSERVATION.

Cette expérience que j'ai réiterée plus de
vingt fois ne m'a parfaitement bien réuſſi que
quatre à cinq. Il faut pour cela que la *Tourmaline*
ſoit échauffée au point qu'elle acquiert un degré
d'Electricité exactement déterminé. Si ſon Electricité eſt trop foible, elle n'agit pas aſſés fortement
pour arranger diſtinctement la pouſſiére dans l'ordre mentionné. Si la pierre a trop d'Electricité,
elle en communique un degré ſi fort à la pouſſiére,
qu'elle en eſt repouſſée et rejettée de la ſuperficie.
Cette belle expérience ne réuſſit donc parfaitement que par une eſpéce d'hazard.

On trouve auſſi dans cette expérience une
conformité ſenſible et ſinguliére de la *Tourmaline*
avec l'Aimant, car la pouſſiére de Lycopodium
s'y attache exactement dans le même ordre, que
la limaille de fer au pôle d'un Aimant.

E 2   III,

III.

SUPPLEMENT

au Memoire précédent.

Depuis que j'ai compofé le Memoire précédent, j'ai fait différentes reflexions et expériences, qui y ont rapport, et qui me paroiffent dignes de remarque. Je les communiquerai à mes lecteurs, dans ce petit fupplément.

Lorfque je commençai mes recherches fur la *Tourmaline*, je ne m'attendois à rien moins qu'à trouver dans cette pierre les deux vertus électriques réunies, favoir la pofitive et la négative, et je ne fûs pas peu furpris de cette découverte. Si j'euffe néanmoins éxaminé avec un peu plus d'attention les fuites de la Théorie de Francklin, je n'aurois pas été frappé d'un évenement, qu'il m'eut été facile de prévoir.

Suivant la Théorie de Francklin, il n'y a que deux façons de rendre un corps électrique; c'eft ou en augmentant, ou en diminuant la matière électrique qu'il contient dans fon état naturel. Dans le premier cas on rendra ce corps pofitivement électrique, et dans le fecond négativement. Dans l'un et l'autre cas il eft évident, qu'on ne peut jamais produire une de ces efpèces d'électricité, fans produire en même tems l'autre. C'eft

à dire

à dire, fi je veux augmenter dans quelque corps la matière électrique, je dois néceffairement la prendre hors de lui, et par conféquent la diminuer dans quelque autre corps. Par la même raifon, je ne faurois diminuer quelque part la matière électrique fans la faire paffer dans un autre corps, et l'y augmenter. Auffi tôt donc qu'il nait une Electricité pofitive, la négative nait en même tems, et l'une ne fauroit être produite fans l'autre.

J'ai récherché foigneufement, fi l'expérience, ce feul juge competent en Phyfique, confirme ce principe, et j'ai trouvé qu'elle eft d'accord fur ce point, comme dans tout autre, avec les fuites de la Théorie de FRANCKLIN.

La manière la plus ufitée de produire l'Electricité, eft le frottement de deux corps l'un contre l'autre. J'ai fondé premiérement la deffus mes récherches, et fait l'effai fuivant.

I. EXPERIENCE.

„Je pris deux morceaux de glace de miroir polis,
„A B, C D, de quatre pouces de fuperficie
„en quarré. Je collai chacun des deux à un
„cilindre de verre E F, e f, enchaffé dans un
„manche de bois F G, f g. Je frottai enfuite
„ces deux carreaux l'un contre l'autre, en les
„tenant par les manches, et trouvai, que les
„glaces étoient devenuës toutes deux électri-
„ques, mais différemment, l'une étant pofitive-
„ment et l'autre négativement électrique. „

E 3

Cette

Cette expérience exige beaucoup de précaution pour y réuffir. Il faut avoir principalement foin que les carreaux ainfi que les cilindres foient bien fecs, et éviter de faire cette expérience dans un tems humide. Que fi le tems n'y eft pas bien propre, il faut chauffer les carreaux et les cilindres fur un rechaut.

On peut diverfifier cette expérience à l'infini. On n'a qu'à prendre des plaques de quelque matière que ce foit, au lieu des fusdites glaces, et l'effet fera toûjours le même. Qu'on frotte par exemple du verre contre du fouffre; du fouffre contre de la cire d'Efpagne; du verre, ou du fouffre contre du cuivre, ou contre quelque autre métal etc. on verra toûjours les mêmes phénomènes. J'en excepte le feul cas, favoir quand on frotte deux corps non électriques, comme par exemple deux piéces de métal, car alors il n'y aura jamais d'Electricité.

J'ai fait quantité d'expériences de cette nature, qui m'autorifent à établir pour axiome: *Que lorsque l'Electricité eft produite par le frottement, les deux vertus électriques naiffent toûjours en même tems, et que des deux corps frottés, l'un devient infailliblement pofitivement et l'autre négativement électrique.*

La feconde manière connuë de produire l'Electricité confifte à faire fondre du fouffre, ou quelque autre corps réfineux. J'ai fait de femblables récherches à ce fujet.

II. EX-

II. EXPERIENCE.

„Je fis faire un petit plat concave d'étain A B,
„de deux pouces de diametre, avec un petit
„cilindre C d foudé au deffous. J'enchaffai dans
„le cilindre le tuyeau de verre D E, affermi
„dans le pied F G. Je verfai dans le plat A B
„du fouffre fondu, et fitôt qu'il fût congelé, j'y
„attachai le manche H I K, pareil à ceux que
„j'ai decrits dans l'expérience précédente. Je
„trouvai peu après que le fouffre ainfi que le
„plat étoient devenus électriques, mais d'une
„efpèce différente d'Electricité, l'un des deux
„corps fe trouvant toûjours pofitivement et l'au-
„tre négativement électrique. „

Cette expérience peut fe diverfifier de même
en mille façons différentes. Au lieu d'un plat
d'étain on peut fe fervir d'un plat de quelque autre
metal ou matière folide, et au lieu du fouffre, on
peut prendre tel corps réfineux que l'on voudra.
On trouvera que dans toutes ces variations l'éffet
fera toûjours le même.

Il en refulte néceffairement: *Que même en
produifant l'Electricité par la fufion des corps réfineux, les deux Electricités naiffent toûjours en même
tems.*

Pourroit-on douter enfuite, que cette même
loi n'eut lieu à l'égard de la *Tourmaline?* Car dès
qu'on fait, que cette pierre, pour devenir électrique, n'a befoin que d'un certain degré de chaleur, on conçoit aifément, qu'elle ne fauroit ac-

E 4

querir

querir cette vertu, sans que l'un des deux côtés ne devienne po/itivement électrique et l'autre négativement. Lorsque la matière électrique e/t accumulée dans l'un de ses côtés, d'ou seroit elle tirée, si ce n'e/t de l'autre? Par consequent, si l'un e/t po/itivement électrique, l'autre ne doit-il pas être négativement électrique?

Ce phénomène, n e/t donc rien moins, que paradoxe; cependant je le trouve d'autant plus remarquable, qu'il /ert à prouver, que même dans la *Tourmaline*, dont les effets /ont d'ailleurs /i /inguliers, la nature e/t parfaitement d'accord avec les /uites de la Théorie de FRANCKLIN.

En fai/ant les expériences /usmentionnées, j'eus occa/ion de faire quelques ob/ervations, qui pour ne pas être néce/fairement liées à la matière, dont il e/t ici que/tion, me paroi/fent néanmoins dignes d'être rapportées. Lorsqu'on frotte deux corps l'un contre l'autre, comme nous l'avons dit ci de/fus, l'un devient po/itivement électrique et l'autre négativement. Il e/t hors de doute, qu'il n'y ait de certaines loix, qui le déterminent; mais je n'ai pû parvenir à les découvrir, malgré toutes les peines que je me /ois données à ce /ujet.

Je frottai par exemple une plaque de cuivre contre une de /ouffre; l'effet fût variable, le cuivre /e trouva po/itivement électrique, et le /ouffre négativement, et répétant l'expérience au bout d un quart d heure, j'éprouvai ju/tement le contraire. De même lorsque je frottai deux carreaux de verre l'un contre l'autre, ils devinrent tantôt

l'un

l'un tantôt l'autre pofitivement électrique.   Cette variété d effets fe manifefte dans la plûpart de ces expériences et je n'en puis excepter que les cas fuivants.

1) Si l'on frotte du fouffre ou quelque autre corps réfineux contre du verre poli, le verre devient pofitivement, et le corps réfineux négativement électrique.

2) Si l'on frotte du verre poli contre du métal, le verre eft pofitivement électrique et le métal négativement.

3) Si l'on frotte du verre mat, contre du verre poli, le premier eft négativement électrique, et l'autre pofitivement.

Dans tous les autres cas, il paroit regner une inconftance dont j'ai jusqu'ici envain cherché la raifon   J'ai recherché, fi le volume, le poli et la chaleur des corps pourroient en être la caufe; mais j'ai travaillé en vain, et après bien des peines infructueufes, j'y ai renoncé.

Je dois dire la même chofe de l'Electricité qui nait de la fufion des corps réfineux.   Je verfai du fouffre fondu dans un plat de métal, et trouvai le fouffre négativement et le plat pofitivement électrique; mais en faifant un autre fois la même expérience, je trouvai directement le contraire, fans que je puiffe dire la raifon de cette bizarrerie.   J'obfervai encore plufieurs autres phénomènes très intereffants, dont j'ai parlé plus amplement, dans ma pièce latine intitulée: *Tentamen*

Theoriae Electricitatis et Magnetismi Cap. I. §. 55-64, ou je renvoïe mes lecteurs.

La *Tourmaline* peut paſſer jusqu'ici pour une merveille de la nature, qui eſt unique dans ſon eſpèce; mais à force d'expériences on trouvera peut-ètre, que d'autres corps, s'ils n'ont pas tout à fait les mêmes qualités, ils en ont du moins qui en approchent. Moi même j'ai remarqué dans le ſouffre commun quelque choſe qui y a quelque rapport, quoique fort éloigné.

J'ai dit ci-devant, qu'ayant verſé du ſouffre fondu dans le plat A B, il arrivoit ſouvent, que le ſouffre devenoit poſitivement, et le plat négativement électrique. En ce cas je remis le ſouffre dans le plat, et je trouvai au bout d'environ 12 heures, que le ſouffre étoit devenu de lui même négativement électrique et le plat poſitivement. Voila un phénomène qui a quelque rapport à celui de la *Tourmaline.* Le ſouffre paſſe ainſi que la *Tourmaline* de l'Electricité poſitive à la négative, ſans aucune cauſe extérieure.

J'ai trouvé encore dans un autre cas du rapport entre les effets de la *Tourmaline* et ceux du ſouffre. J'ai ſouvent taché de produire l'Electricité dans quelque autre corps de la même manière que dans la *Tourmaline,* par le ſeul échauffement, mais je n'y ai jamais réuſſi, et n'en connois jusqu'ici aucun, qui reſſemble en ce point à la *Tourmaline.* J'ai crû devoir en attribuer la cauſe à la trop grande homogénéité des parties des corps ſur lesquels j'ai fait les eſſais; car il n'eſt

pas

pas compréhenfible, comment les parties d'un corps étant parfaitement homogénes, la matière électrique en quitte l'une pour s'accumuler dans l'autre: circonftance fans laquelle il eft abfolument impoffible de produire l'Electricité par le feul échauffement. Mais quoi, penfai-je, fi deux corps de différentes efpèces, par éxemple du fouffre et du métal, étoient tellement joints, que leurs furfaces fe touchaffent exactement, et ne fiffent, pour ainfi dire, qu'un feul corps, la matière électrique, lorsque ces corps feroient échauffés, ne pafferoit elle pas d'un corps dans l'autre, et n'en naitroit il point d'Electricité? J'ai fait cet effai de la manière fuivante, et il m'a réuffi.

III. EXPERIENCE.

„Je courbai au hazard le plat d'étain A B, pour „donner de l'irregularité à fa figure, de ma- „nière, qu'un morceau de fouffre que j'y fon- „drois ne pourroit s'y ajufter, que d'un feul „fens. J'y coulai enfuite du fouffre, auquel, „après qu'il fût refroidi, je collai le manche H I K. „Ayant ôté le fouffre du plat, je détruifis foi- „gneufement toute l'Electricité qu'avoit contra- „cté tant le plat, que le fouffre: j'échauffai le „fouffre et le remis dans le plat. Au bout d'en- „viron fix heures je trouvai le fouffre négative- „ment et le plat pofitivement électrique. „

C'eft effai me fait douter, que la fufion des corps réfineux foit la caufe immédiate de l'Electricité

ctricité produite de cette manière. La fuſion ne
ſert apparamment qu'a rendre les corps réſineux
fluides et par là propres à s'ajuſter en tout point
à la ſuperficie du vaiſſeau, dans lequel on le coule.
La production de l'Electricité, paroit plutôt n'être
qu'un pur effet de la chaleur.

J'ai déja fait mention de ces eſſais dans le
diſcours que j'ai lû à l'Aſſemblée publique de l'A-
cademie le 6 Sept. 1758, imprimé ſous le titre
de *Sermo academicus de ſimilitudine vis electricae et
magneticae.*

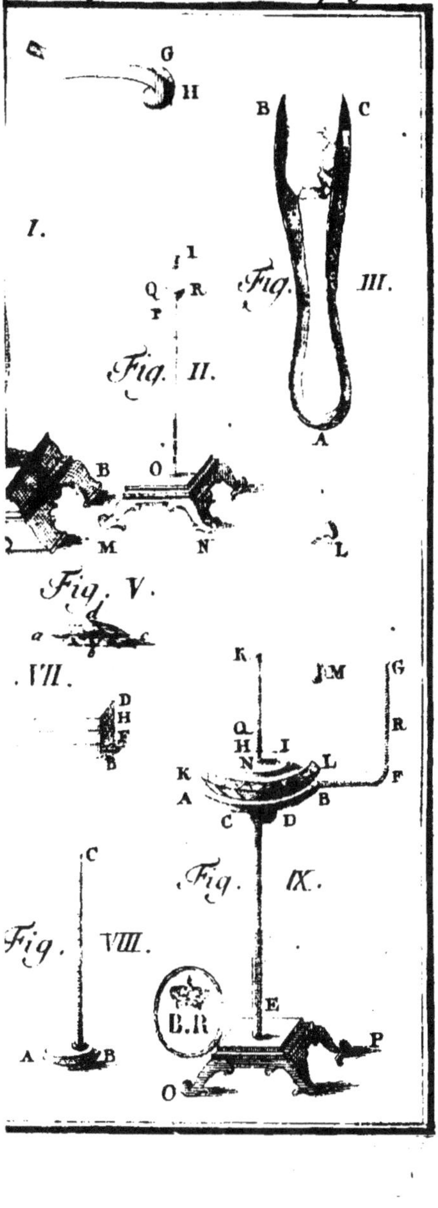

Mémoire sur la Tourmaline pag. 76.
G
H
B
C
I.
Fig. III.
1
Q R
P
Fig. II.
A
B
O
M
N
L
Fig. V.
d
a
c
VII.
K
M
G
D
H
F
B
Q
H
R
H
I
N
L
F
K
L
A
B
C
D
C
Fig. IX.
Fig. VIII.
E
B.R
A
B
P
O

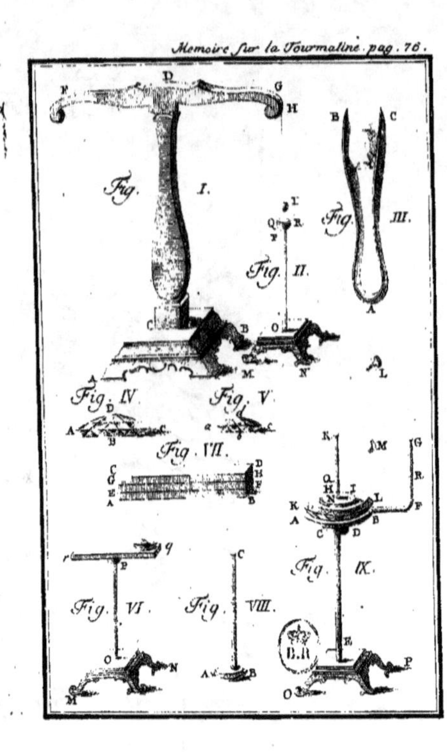

Memoire fur la Tourmaline. pag. 76.
Fig. I.
Fig. II.
Fig. III.
Fig. IV
Fig. V.
Fig. VII.
Fig. VI.
Fig. VIII.
Fig. IX.
B.R.

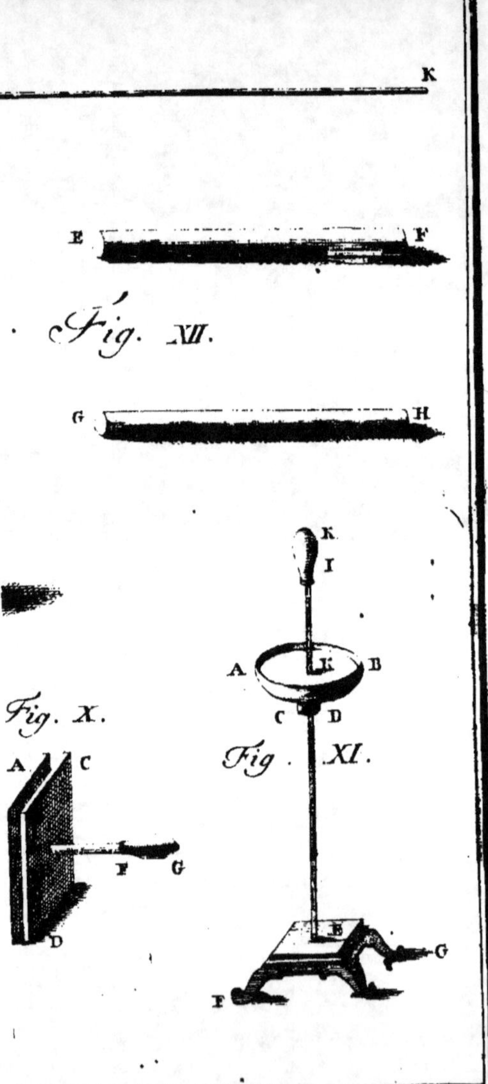

K
E
F
Fig. XII.
G
H
K
I
A
K
B
C
D
Fig. X.
Fig. XI.
A
C
F
G
D
E
G
F

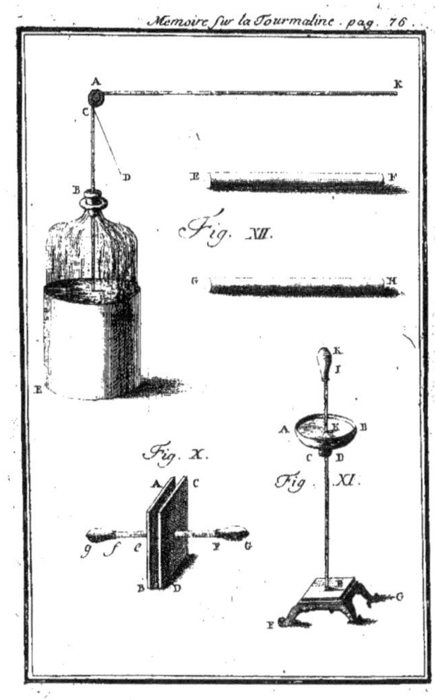
A
C
K
D
E
F
B
G
H
Fig. XII.
Fig. X.
A C
B D
g f e y G
Fig. XI.
K
I
A E B
C D
A B
F
G

✳ ✳ ✳ ✳ ✳ ✳ ✳ ✳ ✳ ✳ ✳ ✳ ✳ ✳

IV.

Lettre du Duc de Noya Carafa

fur la *Tourmaline*, à Monfieur de B_ffon.

Avec de Remarques de Monfieur Aepinus (*).

Monfieur,

    L'étendue de vos connoiffances, les places que vous occupez, la communication que vous accordez aux étrangers, et l'amitié avec laquelle vous m avez accucilli, ne me permettent

---

  (*) J'ai ajouté à la Lettre de Mr. le *Duc de Noya* quelques obfervations que je défigne par Ae. Mon deffein eft moins, de m'y défendre contre mon Antagonifte, (l'ayant fait dans la piéce fuivante qui eft une Lettre à Mr. le *Duc de Noya*), que de donner à mes Lecteurs quelques éclairciffements fur quelques-unes de fes expériences, et quelques paffages de fon écrit ; j'ai néanmoins inferé de côté et d'autre des chofes qui peuvent fervir à ma défenfe.

    Ceux qui liront cet écrit de Mr. le *Duc* feront d'opinion, que ce n'eft pas moi feul qu'il prétend attaquer, mais auffi un de mes intimes amis, Mr. *Wilke*, membre de l'Académie de Stokholm. Mr. *Wilke* raporte dans fa Differtation *de éleEtricitatibus contrariis* alleguée par Mr. le *Duc*, que j'ai fait quelques découvertes fur la *Tourmaline* ; il en fait une defcription, et fe porte pour témoin oculaire de

              . leur

tent pas de balancer à vous offrir quelques obſervations que j'ai faites ſur une pierre ſingu-
liere, appellée *Tourmaline*, dont les phénomènes
m'ont paru aſſez intéreſſans. Je ne prétends pas
tirer avantage de ces obſervations, pour m'ériger
en ſçavant. Militaire par état, et entraîné par
goût dans la recherche des monumens antiques,
j'ai laiſſé depuis long-tems à l'écart l'étude de la
Phyſique et de l Hiſtoire naturelle. Ajoutez à cela
que j'habite un païs très-favorable à ces recherches, ſur-tout depuis la nouvelle découverte de
la fameuſe et ancienne ville d'Herculanum; découverte qui doit ſon utilité aux dépenſes immen-
ſes que Sa Majeſté le Roi de Naples mon maître,
a faites dans la vue de perfectionner les arts, et
qui ſera un monument éternel de ſon goût pour
les ſciences.

Vous ſçavez que dans le nombre aſſez conſidérable de pierres gravées, qui font partie de
mon cabinet, j'ai entrepris de donner au public la
con-

---

leur autenticité. Il a plû à la verité à Mr. le
Duc, d'en faire auſſi pour cette raiſon ſon adver-
ſaire, mais le fond de la diſpute ne regarde proprement que moi ſeul: quoi qu'il en ſoit, le témoignage de Mr. *Wilke* m'eſt d'autant plus precieux,
que les Phyſiciens regarderont ſans doute toûjours
dans la queſtion préſente comme un témoin digne
de foi, un homme, qui dans ſa diſſertation a répandu par une quantité d'expériences nouvelles et
ingenieuſement imaginées tant de lumiére ſur l'o-
pinion touchant les Electricités contraires, qu'il a
levé preſque tous les doutes ſur leur réalité.

connoiffance de toutes celles qui repréfentent dés
fujets intéreffans, traités par les anciens d'une façon différente de ceux qui ont déjà été publiés,
ou qui fe trouvent dans les cabinets, et qui pourront par leur nouveauté étendre l'érudition et
éclaircir l'hiftoire, et en particulier celle de ma
patrie à laquelle j'ai toûjours été très-attaché.
C'eft ce même amour pour ma patrie qui m'a fait
lever le premier, le plan géometral et topogra-
phique de la ville de Naples et de fes environs en
trente-cinq planches fur du papier impérial. Je
les ferai fuivre d'une exacte defcription, qui formera un ouvrage féparé. Je travaille encore à
publier une fuite de plufieurs milliers de médailles
étrufques, grecques et latines, or, argent et
bronze, des villes, des peuples, et des colonies
du Royaume de Naples. J'en ai découvert la
plûpart qui font tout-à-fait nouvelles: les autres
font comme inconnues, parce que cette matiére
a été traitée par un petit nombre d'Auteurs, ou
par des gens peu inftruits, ou qui n'en ont dit
que très-peu de chofes. Je reviens à ce qui fait
l'objet principal de cette Differtation.

J'avois lû autrefois dans quelque Traité de
phyfique, qu'il exiftoit dans la nature une pierre
qui avoit la propriété d'attirer et de rejetter les
corps voifins d'elle, ou que l'on jettoit dans fa
fphere d'activité; propriété que quelques Auteurs
ont mife depuis au nombre des fables ou de ces
rêveries enfantées par l'imagination. Mais l'année 1743. étant à Naples, feu M. le Comte
Pichet-

Pichetti, Sécretaire du Roi, et qui ajoutoit à
ce titre les qualités de galant homme, de curieux
et d'amateur, m'a assuré avoir vû pendant son vo-
yage à Constantinople une petite pierre qui attiroit les cendres et les rejettoit ensuite, qu'on l'appelloit dans cette ville communément Tourmaline,
qu'elle y étoit en grande estime, et même regar-
dée comme une merveille; qu'il n'avoit pû en
faire l'acquisition, parce qu'elle appartenoit à un
riche Marchand du Levant, amateur comme lui,
et qui faisoit un cas infini de ces sortes de raretés.
Il ne m'apprit alors aucune autre particularité à
ce sujet.

J'avois entiérement perdu le souvenir de
cette pierre, lorsque voyageant l'automne passé
en Hollande, et me trouvant à Amsterdam, j'en-
trai dans la maison d'un pauvre Marchand de ta-
bleaux; cet homme au désespoir de n'avoir rien
de curieux pour m'engager a acheter, et forcé
par la misere de chercher tous les moyens de ven-
dre, s'avisa de m'ouvrir une commode remplie de
pierres dures soigneusement empaquetées. Après
m'en avoir montré un grand nombre, il en tira
deux qu'il conservoit très précieusement à l'écart,
et que lui avoit laissées son pere. Il les appelloit
Tourmalines ou pierres de la cendre, parce que,
disoit-il, étant chauffées elles attiroient les cendres et les repoussoient ensuite; il en fit même
aussi tôt l'expérience devant moi. Cette propriété frappante me rappella le souvenir de cette pierre
que M. Pichetti avoit vue à Constantinople, et

de

de ce que j'avois lû dans quelques hiftoriens. Je voulus les acheter, mais il ne me fût pas poffible de déterminer d'abord ce Marchand ; et ce ne fût qu'après beaucoup de réfiftance, qu'à force d'argent, et en employant même l'autorité de quelques amis puiffans, qu'il fe laiffa perfuader. Pendant le peu de jours que je reftai en Hollande, après cette flatteufe acquifition, je répétai chez moi les expériences que ce Marchand avoit faites en ma préfence, et j'en imaginai plufieurs autres.

Dès que je fus arrivé à Paris, je fis part de mon heureufe découverte à différentes perfonnes. Ces pierres étoient inconnues aux uns, quelques autres paroiffoient douter de leurs propriétés ; d'autres enfin, et c'étoit le plus grand nombre, penfoient que cette vertu pourroit bien n'être pas bornée à cette feule pierre. Ces divers fentimens partageoient la plûpart de fçavans de cette ville, où les fciences plus cultivées qu'ailleurs font auffi plus communicatives, lorsque j'eus l'avantage de vous connoître, Monfieur, et que vous voulûtes être témoin oculaire des effets finguliers de ces deux pierres, dont j'ai fait les premieres expériences devant vous. Dans ce même tems M. D'AUBENTON garde et démonftrateur du cabinet du Roi, qui joint aux belles connoiffances qu'il a en hiftoire naturelle, une ftude particulière des pierres fines, penfant d'abord que la vertu de la *Tourmaline*, pouvoit bien ne dépendre que de fa dureté, crut que l'on pourroit peut-être la rencontrer dans quelques

F

pierres

pierres dures. Dans cette vue il en essaya plusieurs, mais toûjours en vain, aucune d'elles ne
montrant pas le moindre signe de l'électricité par
la seule chaleur du feu. Je ferai mention de ces
pierres dans le catalogue que je donnerai ci après
de toutes les espèces de pierres fines que j'ai
éprouvées de même sur le feu, et dont j'ai répété
plusieurs fois les épreuves toûjours avec aussi peu
de succès.

Le bruit de cette pierre singuliere s'étant
ainsi répandu dans plusieurs autres endroits de
cette ville; M. ADANSON correspondant de l'A-
cadémie, connu par ses travaux en Physique et en histoire naturelle, et célébre par ses voyages au Séné-
gal, dont il a publié une histoire très-curieuse, se ren-
dit chez moi dans le dessein de la connoitre, et non
content d'en voir les expériences, il voulut les
faire lui-même pour en observer plus particuliérement les effets. Fort satisfait de l'attention
qu'il prenoit à ces expériences, je le priai de vouloir bien les suivre, et de faire sur cette pierre
toutes celles qu'il jugeroit nécessaires; ce sont
celles dont je vais vous faire le détail. Il s'en est
chargé avec beaucoup de plaisir, y prenant même
un soin peu ordinaire. Nous en avons aussi répété quelque-unes en présence de plusieurs Sçavans de distinction, dont les noms font honneur
aux sciences, et dont la plûpart sont membres
respectables des différentes Académies de cette
ville. Je viens actuellement à l'histoire de la
Tourmaline.

II

Il n'y a que quarante-deux ans que l'on con-
hoît cette pierre fingulière. L'ouvrage le plus
ancien qui en parle eft l'hiftoire de l'Académie
Royale des Sciences pour l'année 1717. On la
regardoit alors comme une efpèce d'aimant, mais
fort différente des aimans ordinaires. Je vais rapporter ici ce qu'en dit l'hiftoire de l'Académie,
page 7. et fuivantes, après avoir parlé de l'aimant.
„ Voici encore un petit aimant. C'eft une pierre
„ qu'on trouve dans l'isle de Ceylan, grande com-
„ me un denier, plate, orbiculaire, épaiffe d'en-
„ viron une ligne, brune, liffe et luifante, fans
„ odeur et fans goût, qui attire et enfuite re-
„ pouffe de petits corps légers, comme de la cen-
„ dre, de la limaille de fer, des parcelles de pa-
„ pier. M. Lemery la fit voir. Elle n'eft point
„ commune.

„ Quand une aiguille de fer a été aimantée,
„ l'aimant en attire le pôle feptentrional par fon
„ pôle méridional, et par ce même pôle méridional
„ il repouffe le méridional de l'aiguille, ainfi il at-
„ tire et repouffe différentes parties d'un même
„ corps felon qu'elles lui font préfentées, et il at-
„ tire ou repouffe toûjours les mêmes. Mais la
„ pierre de Ceylan attire, et enfuite repouffe le
„ même petit corps préfenté de la même manière,
„ et c'eft en quoi elle eft fort différente de l'ai-
„ mant. Il femble qu'elle ait un tourbillon qui ne
„ foit pas continuel, mais qui fe forme, ceffe, re-
„ commence d'inftant en inftant. Dans l'inftant
„ où il eft formé, les petits corps font pouffés

F 2   „ vers

„ vers la pierre, il ceſſe, et ils demeurent où ils
„ étoient, il recommence, c'eſt-à-dire, qu'il ſort
„ de la pierre un nouvel écoulement de matière
„ analogue à la magnétique, et cet écoulement
„ chaſſe les petits corps. Il eſt vrai que ſelon
„ cette idée les deux mouvemens contraires des
„ petits corps, devroient ſe ſuccéder continuelle-
„ ment, ce qui n'eſt pas; car ce qui a été chaſſé
„ n'eſt plus enſuite attiré. Mais ce qu'on veut
„ qui ſoit attiré, on le met aſſez près de la pierre,
„ et lorſqu'enſuite elle repouſſe le corps, elle le
„ repouſſe à une plus grande diſtance, ainſi ce
„ qu'elle a une fois chaſſé, elle ne peut plus le
„ rappeller à elle, ou ce qui eſt la même choſe,
„ ſon tourbillon a plus de force pour chaſſer en ſe
„ formant, que pour attirer quand il eſt formé. „

Après l'hiſtoire de l'Académie Royale des
Sciences de Paris, je trouve encore deux autres
écrits aſſez récens ſur cette matière, et tous deux
de l'année 1757. L'un eſt un mémoire de M.
AEPIN, Profeſſeur de Phyſique, de l'Académie
Impériale des Sciences de Petersbourg, lû à l'A-
cadémie de Berlin avec ce titre: *De quibuſdam ex-
perimentis electricis notabilioribus.* L'autre eſt une Diſſertation de M. WILKE, inſérée dans un Traité
d'électricité imprimé à Roſtock en un volume in 4.
de 142 pages, qui a pour titre: *Diſputatio ſolem-
nis Philoſophica, de Electricitatibus contrariis. Au-
ctore* JOANNE CAROLO WILKE *Roſtochii* 1757.
Comme les expériences et les réflexions de ces
deux Auteurs ſont préciſement les mêmes, et que

la

la Diſſertation de M. WILKE, ainſi que les Mémoires de l'Académie des Sciences de Berlin, ſont
fort rares à Paris, on peut en trouver une traduction très-fidele dans les Obſervations périodiques,
de Phyſique et d'Hiſtoire naturelle par M. Tous-
SAINT, qui les a publiées dans ſon Recueil du
mois de Mai de la même année 1757. pages 341
et 345 d'où je tirerai mes citations.   „ On trouve
„ (diſent ces Auteurs) dans l'isle de Ceylan une
„ pierre tranſparente, preſqu'auſſi dure que le
„ diamant, d'une couleur qui imite l'hyacinte,
„ mais plus obſcure.   Cette pierre connuë par
„ les Joyalliers d'Allemagne et de Hollande, ſous
„ le nom *d'aimant de cendres*, s'appelle plus com-
„ munément *Tourmaline*.   La propriété ſingulière
„ de cette pierre, eſt d'attirer et de repouſſer
„ tour à tour les cendres qui environnent un char-
„ bon ardent ſur lequel on l'a placée. „   Je réſer-
ve la diſcuſſion des expériences de ces Auteurs
pour la fin de cette lettre, et je paſſe à l'examen
des deux *Tourmalines* que je poſſede.

Elles ſont toutes deux taillées et de différente
grandeur.   La plus petite de la figure premiere
peſe ſix grains; elle a quatre lignes de longueur
ſur trois de largeur, et preſqu'une ligne d'é-
paiſſeur.   Elle eſt entiérement opaque *a*) ou ſans

F 3   trans-

---

a) C'eſt quelque choſe de ſingulier, que cette *Tour-*
maline de Mr. le *Duc de Noya* eſt opaque.   Les
miennes, quoique d'un brun fort obſcur, ſont au
contraire tout-à-fait tranſparentes.   Mr. *Marggraf,*
cele-

transparence, et d'un brun noirâtre, que les Lapidaires appellent gris-noir. Sa substance paroît homogène, quoique coupée de quelques veines, qui forment des sillons vuides, appellés des terrasses, mais cependant peu sensibles. Le feu violent auquel elle a été exposée dans les expériences, y a occasionné quelques petits éclats qu'on ne découvre bien qu'avec la loupe. Ces éclats parfaitement semblables à ceux qui arrivent aux cailloux exposés au feu, ne se trouvent pas sur les bords et sur les angles, mais sur les surfaces de la pierre, dont la supérieure (A) est taillée à degrés comme l'inférieure (B). Cette pierre peut éprouver un feu très-vif, même jusqu'à rougir, sans aucun risque, pourvû qu'on ne la refroidisse pas subitement dans l'eau ou autrement.

La plus grande *Tourmaline* de la figure 2, pese 10 grains. Sa longueur est de cinq lignes un tiers, sa largeur de 4 lignes et demie, et son épaisseur de près d'une ligne. Sa couleur jaune enfumée ou de vin d'Espagne, tient le milieu entre la belle couleur dorée de la topaze orientale, et entre le jaune-brun du cristal de Bohême, dont elle a à peu près la transparence. Elle est taillée à brillans sur sa face supérieure (C), et à degrés sur sa face inférieure (D). Sa substance est homogène et sans aucuns défauts; mais le feu des

ex-

---

celebre Chymiste à Berlin, en a une pareillement transparente. Quant à moi, je n'aurois jamais crû, qu'il y en eut d'opaques. *Ae.*

expériences y a formé deux glaces confidérables qui exigent aujourd'hui beaucoup de ménagemens.

Ce que ces deux pierres ont de commun, c'eft la dureté (*) et le poli, qui répondent précifément au degré de dureté et de poli du criftal de roche, de l'émeraude et du faphir d'eau, que les Lapidaires mettent au nombre des pierres tendres parmi les pierres fines. Leur poli eft gras, comme ils difent, et par leur peu de dureté, elles font exclues du nombre des pierres qu'ils appellent orientales. Neanmoins ces pierres en laiffent beaucoup d'inférieures à elles en dureté, et elles rayent le verre avec affez de facilité. Elles font fans odeur et fans goût. La petite a plus de force ou de vertu que la grande, et c'eft elle que j'ai employée par préférence dans toutes mes expériences.

La *Tourmaline* n'eft pas une efpèce *d'Oculus beli* ou *d'Oeil de chat*, comme le croit M. D'AR-GENVILLE. Elle n'a pas même le moindre rapport avec cette pierre. ,, *Oculus beli* (dit-il, à la ,, page 171 de fon Oryctologie imprimée à Paris

F 4

,, en

(*) M. *Fontaine*, Lapidaire très-expérimenté dans fon art, a touché ces deux pierres avec toute l'exactitude et la précifion néceffaires. Il a même voulu concourir à mes vues en effayant, avec M. *Adanfon*, plufieurs pierres fines, qu'ils ont éprouvées fur le feu, mais toûjours fans fuccès. Je ferai ci-après l'énumération de toutes celles qui ont été expofées au feu dans le deffein d'y trouver une vertu femblable à celle de mes *Tourmalines*. (*Remarque du Duc de Noya.*)

„ en 1755) efpèce *d'Oculus cati*, appellé auffi
„ *Turpeline*, qui attire la cendre et la repouffe.
„ Ce n'eft qu'une fauffe opale, qui repréfente une
„ prunelle noire au milieu d'une couleur dorée et
„ tranfparente. „ Il faut que M. D'ARGENVILLE,
dont d'ailleurs je refpecte beaucoup les connoiffances, n'ait jamais vû de *Tourmaline*, pour en
faire une opale dorée avec une prunelle au milieu.
Il eft certainement le premier qui lui ait donné
ce nom, d'autant mieux qu'on n'a pas encore vû
aucune pierre de ce genre avoir la vertu de la
Tourmaline.

Je ne fçai fi nous devons ajouter plus de foi
à l'affertion de M. AEPIN *b*), qui donne à la
Tourmaline la dureté du diamant: au moins devons-
nous fufpendre nôtre jugement jufqu'à ce que cet
Auteur nous ait appris s'il l'a faite paffer aux épreuves qui conftatent cette dureté.

Au refte il me paroît que mes deux pierres,
quoiqu'indécifes par les Joyalliers et les Lapidaires, peuvent fe rapprocher des pierres connuës.
On peut, ce me femble, regarder la plus grande
comme une efpèce de topaze, qui, par fa dureté, tient le milieu entre la topaze orientale et entre la topaze d'Allemagne, étant plus tendre que
la premiere et plus dure que la derniere. La
plus petite, quoique plus difficile à déterminer à
cause

---

b) Je me fuis expliqué la deffus, dans la Lettre fuivante à Mr. le *Duc de Noya*. *Ae.*

caufe de fon opacité, peut abfolument fe rapporter au genre des amétiftes ou des grenats *c*).

Les Hollandois feuls poffeffeurs de l'isle de
Ceylan, font fans doute les premiers qui ayent
eu connoiffance de cette pierre. Ils lui ont donné
le nom de Aschentrekker, c'eft-à-dire, *Aimant
de cendres* ou *Pierre de cendres*, parce qu'elle attire
et repouffe les cendres dès qu'on l'a jettée au feu.
On l'appelle encore depuis peu *Tourmaline*, et,
fans doute par corruption, *Turpeline*. Je n'ai pû
découvrir l'origine ou l'étimologie de ce nom.
Mrs. Aepin et Wilke font, autant que je fçache, les feuls qui l'ayent employé.

La fingularité de cette pierre confifte en ce
qu'étant chauffée de quelque manière que ce foit,
elle acquiert une vertu analogue à l'électricité.
Elle attire alors les corps légers qui l'environnent,
par exemple, les cendres ou la pouffiere de charbon,
et les repouffe beaucoup plus loin qu'elle ne les a attirés. Ainfi, quoiqu'elle n'attire guères les corps que
d'une ligne, elle les repouffe fouvent jufqu'à trois
pouces et même jusqu'à trois pouces un quart. On
peut lui préfenter plufieurs fois de fuite les mêmes
corps qu'elle a déjà attirés et repouffés, elle les atti-
rera et repouffera de nouveau tant qu'elle fera fuffifamment échauffée. J'ai voulu m'affurer fi fa
vertu s'étendoit indifféremment fur toutes fortes

F 5   de

---

c) Pourquoi l'Auteur pretend-il ranger la *Tourmaline*
   dans des efpèces connues, de pierres précieufes.
   Elle me paroit bien meriter une Claffe particuliére. *Ae.*

de corps légers; pour cet effet j'en ai essayé un grand nombre, tant du regne animal que du regne végétal et minéral. Elle les a tous attirés et repouffés, lorfque leur légereté étoit proportionnée à fa force; mais à des degrés de chaleur et à des diftances différentes, dont on verra les réfultats dans la table fuivante, à laquelle j'ai joint celle des diftances d'attraction des corps par la *Tourmaline* électrifée par le frottement d'un drap de laine, comme l'on électrife les corps électriques, afin que l'on pût faire la comparaifon des unes et des autres. Mais avant de donner cette table, il eft néceffaire d'avertir que la *Tourmaline* étant froide et fans aucun frottement, n'attire et ne repouffe aucun des corps qui lui font préfentés; et qu'étant électrifée par le frottement, elle attire la plûpart des corps légers, prefqu'en auffi grande quantité que lorfqu'elle eft chauffée; mais qu'elle n'en repouffe aucun, ou du moins très-rarement. Il convient auffi de parler auparavant de la manière de chauffer cette pierre.

De tous les moyens dont on peut fe fervir pour chauffer la *Tourmaline*, les plus avantageux font de la mettre fur des charbons ardens, ou fur des métaux échauffés, ou dans l'eau bouillante, ou de l'expofer à la chaleur du foleil réunie au foyer d'un verre ardent. Une chaleur trop grande et une chaleur trop foible font également contraires à la vertu électrique que peut prendre cette pierre. Celle qui tient le milieu entre ces deux extrêmes, et qui s'étend depuis le 30. jufqu'au
70,

70, *d*) degré du thermometre de M. de REAU-
MUR, m'a paru la plus convenable pour lui donner toute la force électrique dont elle eſt ſuſcepti-
ble. Auſſi lorſqu'on veut expoſer cette pierre aux
charbons ardens, comme dans la figure 3, il eſt
à propos d'étendre ſur ces charbons une couche
de cendres épaiſſe d'environ une ligne. Cette
attention a un autre avantage, c'eſt de conſerver
la pierre. La plaque de métal me paroît plus
commode que le charbon, dans les cas où l'on
fait uſage des conducteurs, parce qu'elle diſpenſe
de mettre la pierre ſur le charbon, de la retirer
et de la remettre ſouvent deux fois en une minute, ce qui fait perdre un tems infini lorſqu'on a
un grand nombre d'expériences à ſuivre mais elle
cauſe un embarras, lorſqu'il faut lui donner aſſez
préciſément le degré de chaleur qui convient à la
pierre pour faire ſon effet. La chaleur qu'on lui
communique par le moyen de l'eau bouillante,
quoique fort recommandée par Mrs. AEPIN et
WILKE, devient inutile, parce qu'elle eſt refroidie avant qu'on l'ait reſſuyée de ſon humidité *e*); et
celle du verre ardent eſt trop brusque et met la
pierre en danger de ſe caſſer.

M. WIL-

---

d) Selon mes expériences, à peu près le 80éme degré, ou celui de l'eau bouillante. Voyez la Lettre
ſuivante. *Ae.*

e) Je ne l'eſſuye pas, en la tirant de l'eau bouillante. Voyez la lettre ſuivante. *Ae.*

M. Wilke dit, à la page 52 de sa Differtation, que cette pierre chauffée au degré de l'eau
bouillante, conserve sa vertu électrique pendant
six heures. *Gradus caloris, quo optime et fortiffi-
me excitatur is eft quo gaudet aqua ebulliens, cum
minores aut majores gradus femper vigori électrico ali-
quid detrahere videantur. Ad hunc vero gradum
usque calefactus lapis, infigniter invenitur electricus,
illamque virtutem electricam ultra fex horarum tem-
pus retinet.* M. Aepin parle d'un effet femblable produit par le fimple frottement. „Soit en-
„fin qu'on l'échauffe beaucoup en la frottant avec
„un morceau de drap, la *Tourmaline* devient auffi-
„tôt électrique. Il ne faut pas s'imaginer que
„cette électricité communiquée de la forte, fe
„diffipe auffi-tôt que la pierre eft refroidie; elle
„fubfifte quelquefois pendant plus de fix heures.„
Voilà qui eft très-précis dans ces deux Auteurs.
Néanmoins je ne puis croire qu'ils veuillent donner à entendre que la *Tourmaline* attire et repouffe
encore les corps légers au bout de fix heures.
Car il eft très-certain que dès qu'elle eft refroidie
entierement, ce qui ne paffe pas une demi-mi-
nute dans un air froid, elle attire très-peu et ne
repouffe aucunement. Ils veulent fans doute dire
qu'elle conferve encore alors un peu de vertu attractive *f*), ce qui lui feroit commun avec quelques

---

f) Si Mr. le *Duc de Noya* fait fes expériences avec
les precautions, que j'ai indiquées dans mon II.
Memoire et dans la Lettre fuivante, que je lui ad-
dreffe,

ques autres corps électriques, furtout avec la cire
d'Efpagne, dont nous avons trouvé un bâton qui
étoit encore électrique deux ou trois jours après
qu'on eut ceffé de le frotter.   Il eft cependant
néceffaire de faire obferver ici, que dans les expériences que je rapporterai ci-après, la vertu
électrique de la *Tourmaline* s'eft fait fouvent reconnoître, par la répulfion, plus fenfiblement au
moment où elle étoit prête à fe refroidir, lorfqu'elle n'avoit guères que 30 degrés de chaleur,
que lorfqu'elle en avoit plus de 70.   Mais ce degré n'eft pas également favorable pour tous les
corps, et il m'a paru varier, fuivant la température ou l'humidité et la féchereffe de l'air et des
corps attirés.   Auffi M. AEPIN a t-il trouvé ce
degré un peu différent du nôtre; il furpaffe, fuivant lui, le 110. degré du thermometre de Fahrenheit, qui répond au 42. du thermometre de
M. DE REAUMUR.

Il y a deux manières d'éprouver la diftance à *Exper.* 1.
laquelle les corps font attirés par la *Tourmaline*.
La premiere eft de fufpendre la pierre au-deffus
de ces corps, ou au contraire de fufpendre ces
corps à côté de la pierre; et la feconde eft de les
répandre tout autour de la pierre, fur un plan he-
riz.on-

---

dreffe, il verra, que la *Tourmaline* montre au bout
d'une demi minute, plus de force électrique, que
ce qu'il nomme, *un peu de Vertu attractive.*   Il
trouvera, même qu'après 5 à 6 heures de tems,
cette pierre attire et repouffe encore affés fortement,
la petite boule de liége, fufpendue à un fil de foye. *Ae.*

rizontal, d'une couleur différente de la leur, comme dans la fig. 4. Lorsque la pierre a exercée tout son effet, on apperçoit autour d'elle un cercle fort net, et qui a une ligne de diametre, lorsque c'est avec du charbon qu'on a fait l'expérience. Ce cercle fait reconnoître que la pierre a attiré à elle toutes les molécules de charbon qui n'étoient pas plus loin qu'une ligne, et qu'elle les a rejettés bien au-delà. Si l'expérience eût été faite avec du verre pilé, qu'elle attire de plus loin, le cercle nettoyé auroit été de deux lignes de diametre.

Il y a pareillement deux manières d'éprouver la distance de répulsion de ces corps. La premiere consiste à mettre la pierre, comme dans la figure 4, au milieu d'un amas de poussiere de charbon, de cendre, etc. Mais elle est sujette à deux inconvéniens; car on lui donne trop de poussiere ou trop peu. Si on ne lui en donne pas assez, elle ne l'attire que par ses côtés, qui la renvoyant horizontalement, ne la repoussent pas aussi loin qu'elle le pourroit. Si on lui en donne trop au point de la couvrir, elle perd sa force dans cette immense quantité de corps, et n'en repousse que très-peu. Le second, moyen évite ces deux inconvéniens, en mettant sur la pierre à diverses reprises, une petite quantité de molécules, qui sont aussi-tôt rejettées avec toute la force dont elle est susceptible. (Voyez la fig. 5.) C'est par ces différens moyens qu'ont été faites les expériences dont la table suivante offre les résultats.

TABLE

TABLE

Des diftances d'attraction et de répulfion de la *Tourmaline* par le fimple frottement et par la chaleur des charbons ardens.

	Par *le frottement.*	Par *la chaleur des* charbons ardens.	
Matieres minerales et métall.	Dift. d'attraction.	Dift. d'attract.	Dift. de répulf.
Feuille d'or.	2 lig.	3 lig.	000
Limaille de fer aimantée ou non.	$\frac{1}{2}$	$\frac{1}{3}$	3 pouces.
Marne ou pierre à bâtir en poudre,	$\frac{1}{2}$	$\frac{1}{3}$	$\frac{1}{3}$
Cendre du bois commun.	$\frac{1}{2}$	1	3
Gips pilé.	1	$\frac{1}{3}$	1
Sel natrum du Sénégal pilé.	1	$\frac{1}{2}$	1 $\frac{1}{2}$
Sablon d'Eftampes.	1	$\frac{1}{2}$	1 $\frac{1}{3}$
Verre blanc pilé	2	1	1
Subftances végétables.			
Poudre de buis très-féche.	1	$\frac{1}{2}$	$\frac{3}{4}$
Cire d'Efpagne pilée.	1	$\frac{1}{2}$	0
Papier	1	$\frac{1}{2}$	2
Charbon pilé	1	1	3 $\frac{1}{4}$
Balle de Liege fufpendue.	$\frac{1}{3}$	3	0
Subftances animales.			
Raclure de plume d'oye.	$\frac{1}{2}$	1	0
Soye fufpendue.	$\frac{1}{3}$	3	0

La

La diftance d'attraction par la même pierre, dans les mêmes circonftances de tems, et avec des corps de même volume ou du même poids, eft affez conftante *g*). Par exemple, j'ai remarqué qu'une aiguille à coudre, aimantée ou non, fufpendue par un fil ou mife en équilibre fur un pivot, n'eft attirée que de demi-ligne de diftance, comme la limaille de fer. D'ailleurs, comme les matieres qu'on a employé ont été pilées de manière qu'il y avoit des molécules de toutes les grandeurs, les expériences répetées plufieurs fois, ont donné d'une manière affez exacte les diftances d'attraction et de répulfion relatives de chacune de ces matieres. L'on peut donc croire que ce n'eft pas par erreur que l'on a trouvé que le verre blanc pilé eft attiré de deux lignes de diftance, lorfque la *Tourmaline* n'eft que frottée, tandis qu'il n'eft attiré que d'une ligne, lorfqu'elle eft chauffée, et par conféquent plus électrifée. L'on peut croire pareillement que le charbon pilé, la cendre et la limaille de fer font repouffés beaucoup

---

g) Il me femble qu'il eft à peine poffible, que ces expériences ayent conftamment le même fuccès. Car on conçoit aifément, qu'il diffère felon que la Poudre, dans la quelle les Corps auront été reduits eft fine ou non, humide ou feche, et fuivant que la *Tourmaline* aura été renduë plus ou moins électrique par le frottement ou l'échauffement, ou que l'air dans le tems que l'on fait ces expériences, eft fec ou humide. *Ae.*

coup plus loin que tous les autres corps qu'on a
soumis aux expériences.

Le tems écoulé entre l'attraction et la répulsion de chacune des matières ci-deſſus, eſt communément très-prompt. Il y a cependant des
molécules qui demeurent aſſez long tems fixées
à la pierre avant que d'en être repouſſées. Il y
en a même qui y reſtent conſtamment attachées.
Ce font ordinairement celles qui font trop groſſes,
comme il eſt arrivé à la balle de liège ſufpendue *b*), ou celles qui font trop légeres, ou qui
n'ont pas aſſez de maſſe, et dont la figure appla-
tie s'éloigne davantage de celle d'une ſphere. La
feuille d'or, la fleur blanche du charbon, la raclure de plume d'oie, et le fil de ſoie ſufpendu,
n'ont jamais été repouſſés après avoir été attirés.

Une remarque aſſez ſingulière qui s'eſt of-
ferte pluſieurs fois dans ces expériences, et qui
pourra éclaircir certains faits rapportés ci-après,
c'eſt que ſouvent un grain de limaille ou de cendre, eſt attiré d'abord ſur les bords de la pierre,
et enſuite comme traîné vers ſon milieu d'où en-

ſuite

---

b) Je me ſers auſſi d'une balle de Liège ſufpendue,
qui ne manque jamais d'être repouſſée. L'auteur
n'indique pas, à quoi il a ſufpendu la ſienne. La
mienne l'eſt à un fil de ſoye bien ſec, pour que
la balle puiſſe conſerver l'électricité, qui lui a été
communiquée, et enſuite être repouſſée. S'il a attaché la ſienne à un fil de matière non électrique,
elle n'a pu devenir électrique, ni par conſéquent
être repouſſée. Circonſtance qu'il paſſe ſous ſilence. *A.*

G

ſuite il eſt repouſſé *i*) · On voit aſſez que cela
n'arrive que lorsque la pierre eſt plus chaude, et
par conſéquent plus électrique vers le centre que
ſur les bords, et ce cas eſt des plus ordinaires.

L'attraction et la répulſion de ces différens
corps, ſe fait de la même manière ſur un corps
électrique, par exemple ſur une aſſiete de fa-
yance, ſur du verre, etc. que ſur un corps non
électrique, tel que du métal ou du papier.

Il n'en eſt pas tout-à-fait de même de la vertu attractive et répulſive de cette pierre, lorsqu'il s'agit de traverſer un corps. Il y en a qu'elle
ne peut traverſer, tels ſont les corps électriques,
et particuliérement le verre: il y en a d'autres au
travers deſquels elle agit, par exemple, le papier
même aſſez gros, et vraiſemblablement tous les
autres corps non électriques. Si donc (fig. .)
après avoir fait chauffer la pierre ſur des charbons, on la recouvre d'un morceau de papier ſur
lequel on aura répandu de la limaille de fer, vers
l'endroit qui répond au-deſſus de la pierre, on
verra quelques grains de limaille ſe relever perpendiculairement, et ils reſteront tranquilles ſans
chan-

---

i) J'ai vû ſouvent arriver la même choſe, non ſeulement dans la *Tourmaline*, mais auſſi dans un bâton de cire d'eſpagne frotté. La raiſon de ce Phénomène, eſt dans l'un et l'autre de ces corps,
l'inegalité de la force électrique en differents endroits,
de leur ſurface. *Ae.*

changer de lieu, fans être attirés ni repouffés.
Mais ſi l'on fait promener le papier ſur la pierre
de ma iière que la limaille s'en trouve éloignée et
rapprochée ſucceſſivement, alors on verra la plû-
paıt des grains changer de place, être attirés
comme par un ſautillement vers la pierre, et être
enſuite repouſſés. Les grains qui ont la forme
de lames allongées et incapables d'être repouſſées,
ſe redreſſent verticalement (F) lorsqu'ils ſe trouvent près de la pierre, et ils ſe couchent (G) dès
que le papier s'en éloigne: on les fait ainſi relever et coucher ſucceſſivement, en faiſant aller et
revenir le papier ſur la pierre *k*). Ce phénomène a aſſez de rapport à celui qu'offre la limaille de
fer répandue ſur un papier, qu'on promene ainſi
au-deſſus d'une pierre d'aimant. Dans cette expérience la *Tourmaline* repouſſe ſouvent davantage
lorsqu'elle eſt prête à ſe refroidir, que l'orsqu'elle
a une chaleur moyenne.

La raclure de plume d'oie, la cendre, et le
charbon pilé, font le même effet que la limaille
de fer, et même d'une manière plus ſenſible.

La vertu attractive et répulſive de la *Tour-* Exper. 3.
maline eſt bornée, comme l'on a vu ci-deſſus à trois
pouces, lorsqu'on la laiſſe agir immédiatement ſur
les corps qu'on lui offre; mais on peut étendre
G 2 cette

---

k) On verra tous ces effets, dans chaque autre corps-éle-
ctrifé. La *Tourmaline* de l'auteur auroit infailliblе-
ment agi au travers du verre, s'il n'avoit pas été trop
épais, ou la pierre trop petite. *Ae.*

cette vertu beaucoup plus loin en fe fervant d'un
conducteur.   Soit (A B) (fig. 7.) un conducteur.
de fil de fer long de huit pouces, emmanché à
un corps électrique (C), comme feroit un bâton
de cire d'Efpagne, fi l'on fait pofer la branche **A**
de ce conducteur fur la pierre, et fi en même-
tems on répand quelque corps leger comme de
la cendre, du charbon pilé, de la raclure de plume, etc. au-deffous de l'autre branche B, ces
corps font attirés et enfuite repouffés, mais affez
foiblement.   L'attraction ne s'étend gueres qu'à
$\frac{1}{5}$ ligne, et la répulfion qu'à trois ou quatre lignes.
Le fil de fer dont on s'eft fervi dans cette expérience étoit une verge de fer longue de fept pou-
ces, et du diamétre de deux $\frac{1}{2}$ lignes.   Il faut que
cette pierre toute petite qu'elle eft, ait une vertu électrique bien puiffante pour agir dans toute
l'étendue d'un conducteur d'une maffe fi difpro-
portionnée, et au moins cent fois plus grande
que la fienne.

On peut encore porter plus loin fon action,
en couchant fur deux rouleaux de verre (fig. 8.)
un fil de fer de $\frac{1}{7}$ de ligne de diamétre et long de
deux pieds.   Il eft vrai qu'il faut être bien attentif à faifir le moment où elle agit plus fortement,
pour voir attirer la feuille d'or et la fleur blanche
de charbon.   Il y a auffi des tems moins favorables
où elle n'a aucun effet à cette diftance *l*).

Si

---

l) On voit dans ces deux expériences la Communication
ordinaire de l'électricité.   Elles n'ont rien de remarquable d'ailleurs.   *Ae.*

Si après avoir fait chauffer deux *Tourmalines*, *Exper.* 4. on les préfente l'une au-deffus de l'autre, (fig. 9.) foit par leurs côtés, foit par leurs plans, l'une enleve à l'autre les paillettes qu'elle a attirées, et les lui renvoye prefqu'auffitôt, ce qui fe répéte de part et d'autre réciproquement plufieurs fois de fuite. Ce qu'il y a de remarquable dans cette attraction et répulfion, c'eft que les paillettes fuivent toûjours la ligne droite, tant qu'elles ne rencontrent pas d'obftacle; et lorfque la pierre eft échauffée également, elles font attirées non pas vers le centre ou vers quelqu'autre endroit particulier, comme on pourroit le foupçonner, mais également par toute fa furface, et toûjours perpendiculairement au-deffus du point où elles étoient. La même direction s'obferve lorfqu'on préfente une de ces pierres chauffée au-deffus d'une autre qui ne l'eft point, ou au deffus d'un papier couvert de paillettes; obfervations qui prouvent que ces pierres n'ont pas de pòles *m*), et qui confirment ce qui a été dit ci-deffus à ce fujet.

G 3

On

---

m) Il paroit que l'auteur ait deffein de faire fervir contre moi l'obfervation qu'il fait, que la *Tourmaline* n'a point de Pôle, quoique l'on voye aifément, en quel fens j'attribue à cette pierre deux pôles, je veux au moins m'expliquer la-deffus. C'eft une erreur commune à plufieurs Phyficiens, et à la quelle il paroit prefque que l'auteur ait adheré, de croire, que la vertu de l'aiman ne foit contenuë, pour ainfi dire, que dans deux feuls points. QEn examinant un aiman, foit naturel, foit artificiel, on voit aifément, que l'on

peut

On peut encore prouver qu'elle n'a point de
pôle, par une autre expérience; car si on la laisse
flotter

---

peut le diviser en idée, en deux parties, dont l'une
contient la vertu magnétique boréale, et l'autre, la
vertu magnétique australe, de sorte que chaque point
de la première, est, (si j'ose me servir de ces termes)
meridionalement magnétique, et chaque point de l'autre, septentrionalement. Il en est de même de la
Tourmaline, suivant mes expériences. On n'a qu'à
se figurer, qu'elle est partagée en deux parties, et
qu'une de ces parties soit positivement électrique, et
l'autre négativement. On verra par conséquent aisément, que l'expérience citée par l'auteur, ne prouve
rien contre moi

Il faut que je fasse encore une observation, sur l'ex-
perience en question. Si l'auteur avoit voulu user de
toutes les précautions necessaires en pareil cas, il auroit dû faire quatre expériences, au lieu d'une, et nous
communiquer le succès de chacune Voici, comment
je les ai faites et ce que j'y ai observé

1) Je tournai les côtés de mes *Tourmalines* A et
a, l'un contre l'autre, et alors tout s'ensuivit comme
l'auteur le dit.

2) Lorsque je tournai les côtés A et b l'un contre
l'autre, l'attraction et la repulsion alternative n'eurent
point lieu

3) En tournant les côtés B et b, l'un contre l'autre, les effets furent les mêmes que dans la première
expérience.

4) En tournant les côtés B et a, l'un contre l'autre, il arriva la même chose, que dans la seconde expérience.

Pour peu que Mr le *Duc de Noya* reflechisse sur
ces expériences, il trouvera, que tout s'accorde parfaitement, avec mon opinion, qui est, que la *Tourmaline* a effectivement deux pôles. *Ae.*

flotter librement fur un morceau de liège, elle fe *Exper.* 5.
tourne tantôt d'un coté, tantôt d'un autre, fans
affecter aucune direction particuliere, différente
en cela de la pierre d'aimant *n*).

Lorsque la *Tourmaline* eſt trop chaude, et
qu'elle n'a pas encore aſſez de vertu pour repouſſer les paillettes dont on l'a chargée, on détermine fouvent ces paillettes à être repouſſées,
en approchant d'elles la pointe d'un corps froid
(fig. 10.) On réuſſit par le même moyen à faire *Exper.* 6.
repouſſer celles qui reſtent après fon premier re-
froidiſſement. Néanmoins toutes n'obéiſſent pas
à cette manoeuvre, il n'y a que les plus rondes;
les autres dont la figure eſt allongée ou en lames,
fe redreſſent fur leurs extrèmités; et fe préſen-
tent ainſi fur la pointe fans quitter la pierre. Ces
derniers phénomènes ont auſſi lieu dans les expé-

G 4

riences

---

n) Le globe de la Terre eſt un grand aimant, ou plûtot
il enferme un noyau magnétique, qui donne à l'aimant, et à l'aiguille aimantée la force de fe diri-
ger vers les Pôles. C'eſt aujourd'hui l'opinion générale des Phyſiciens, et je la crois inconteſtable,
depuis que j'ai levé heureuſement, a ce que je crois,
dans mon Tentamen Theoriæ Electricitatis et Magnetismi, les doutes, qui auroient pû la combattre. Je n'ai jamais été tenté, de croire, que
l'entier globe de la terre fût électrique, ou qu'il
renfermat un noyau électrique. En conféquence je
ne me fuis jamais imaginé non plus, que la *Tourmaline* eût une force qui la dirigeat vers les pôles de la terre. Cette expérience ne prouve donc
rien contre moi. *Æ.*

riences électriques, et leur explication doit être la
même.

Expér. 7.   On fçait que l'aimant n'altére pas la vertu
électrique. L'expérience m'ayant appris de plus
que la *Tourmaline* repouffe le fer après l'avoir attiré; j'ai voulu voir fi approchée de l'aimant elle
conferveroit cette vertu. Pour cet effet je lui ai
d'abord préfenté une aiguille aimantée chargée de
limaille de fer (fig. 11.). La plus grande partie
de cette limaille a été attirée a une ligne de diftance, et enfuite repouffée. J'ai voulu répéter
cette expérience vis-à-vis d'un aimant chargé auffi
de limaille, la *Tourmaline* lui en a enlevé pareillement, mais beaucoup moins qu'à l'aiguille aimantée. Le phénomène eft arrivé de même avec un
diamant et avec un tube de verre électrifés par le
frottement. Mais une particularité *o*) digne de
remarque, c'eft que les chaînons de limaille fou-
tenus par l'aimant parallélement les uns aux autres devenoient convergens dès qu'on les appro-
choit, foit d'un coin, (fig. 12.) foit d'une des furfaces de la *Tourmaline*, (fig. 13.) et qu'après l'a-
voir touché ils devenoient divergens entr'eux, re-
ftant toûjours attachés à l'aimant qu'ils ne quit-
toient pas. Enfin elle attire la limaille d'aimant
comme la limaille de fer, et elle ne peut s'ai-
manter.

La

---

o) Cela ne me paroit pas une Particularité. L'auteur n'a qu'à faire le même effai avec un morceau
d'ambre frotté, et il verra le même effet. *Ae.*

La *Tourmaline* étant rendue électrique par le frottement ou par la chaleur des charbons, ne donne aucune lumière, nulle étincelle dans l'obscurité, comme il arrive dans les expériences électriques, soit qu'elle attire les paillettes, soit qu'on lui présente une pointe. Elle diffère donc en cela des corps électriques *p*). M. Wilke assure cependant qu'étant chauffée, elle en produit suffisamment pour être apparente. *Sufficiens praeterea invenitur haecce electricitas tum communicationi et propagationi, quam luci in tenebris, licet debiliori, excitandae.* J'ai cru à la vérité entendre une fois ce petit craquement qui accompagne ordinairement les étincelles qu'on tire de corps électrisés; mais je n'oserois assurer qu'elle ait jamais donné la plus petite lumière sensible à la vue. Peut-être cet effet n'est-il devenu insensible qu'à cause de la petitesse de la pierre. Un diamant de la même grosseur, frotté ou chauffé de même, n'a pareillement donné aucune lumiere.

Les expériences précédentes suffisent bien pour faire connoître la nature de l'électricité de la *Tourmaline*; mais ce n'eût été vous en donner, Monsieur, qu'une idée fort imparfaite, si je ne l'eusse soumise aux expériences ordinaires de l'électricité, qui peuvent seules fournir les moyens de la comparer à celle des corps électriques.

J'ai d'abord essayé de lui enlever l'électricité qu'elle acquiert par la chaleur, en employant la

Exper. 8.

Exper. 9.

G 5

voye

---

p) Voyés ma lettre à Mr. le *Duc, Ae.*

voye que quelques électristes appellent électriser
négativement, qui consiste à éloigner de tous corps
non électriques, celui auquel on veut faire perdre
son électricité, et à le joindre de quelque manière
que ce soit au corps qui frotte le globe de la machine électrique, pendant que le conducteur de
ce globe répond par une chaîne à des corps non
électriques comme le plancher, etc. On sçait
que dans cette opération le globe enleve au corps
qui le frotte, et à tout ce qui le touche toute son
électricité qui se rend dans le conducteur, et va de
là se perdre dans le plancher, etc. La *Tourma-*
line traitée plusieurs fois de cette manière avec
toutes les précautions nécessaires, n'a jamais perdu
la moindre chose de sa vertu.

Elle ne la perd pas davantage à l'approche
d'une pointe ; elle differe donc en ces deux points
des corps électrisés qui se déchargent aussi tôt, à
ces épreuves *q*).

De

---

q) Il y a deux raisons, pourquoi la *Tourmaline* perd
difficilement son électricité, tant dans cette expérience-ci, que dans d'autres. L'une est, qu'elle est
de la nature des corps électriques par eux mêmes,
qui ne perdent pas si facilement leur électricité
que les corps non électriques ; l'autre est, qu'elle est
positivement électrique d'un côté, et négativement
de l'autre, par conséquent dans le cas d'une bouteille de Leyde chargée. Tout ce que j'ai donc
avancé, dans mon Tentamen Theoriae Electricitatis
et Magnetismi, touchant l'Expérience de Leyde,
peut se rapporter à la *Tourmaline*. L'auteur s'abu-
se

De tous les moyens dont on se sert commu- *Exp.* 10.
nément pour électrifer un corps par communication, aucun ne peut électrifer la *Tourmaline* r)
lorsqu'elle est chaude on n'ajoute rien à sa vertu,
et cela arrive constamment, soit qu'on la mette
immédiatement sur le conducteur, soit qu'on l'en
approche suspendue à des fils de soye, soit qu'on
la mette dessus ou dessous la bouteille de Leyde
qu'on charge sur le plateau de verre. La même
chose arrive lorsqu'elle est froide; néanmoins il
est probable que l'électricité n'y devient insensible
qu'à cause de sa petitesse; car le plateau de verre
qui est sous la bouteille de Leyde s'électrise assez
fortement dans cette expérience.

Deux *Tourmalines* électrifées par la chaleur *Exp.* 11.
étant suspendues à des fils de soye ou de chanvre,
s'attirent constamment sans jamais se repousser;
elles adherent même fortement quoique pas assez
pour soutenir leur propre poids, au lieu que les
autres corps électrifés se repoussent s).   Si

---

fe, s'il croit voir ici quelqu. chose, de particulier
à la *Tourmaline.* Un morceau d'ambre électrifé de
la façon, que j'ai indiquée dans mon second Memoire, Expérience X, produira les mêmes effets. *Ae.*

r) Il n'y a ici non plus rien qui soit propre à la
Tourmaline seule. Tous les corps électriques par
eux mêmes le deviennent difficilement par communication. J'ai pourtant rendu la *Tourmaline* effectivement électrique, quoique foiblement, savoir,
positivement avec un tuyeau de verre, et négativement avec un bâton de cire d'Espagne. *Ae.*

s) Je n'ai point de peine à croire cela, et n'en suis
nullement surpris. Je n'y vois rien, qui puisse
com-

Exp. 12.   Si dans cet état on leur préfente un tube de
verre électrifé par le frottement, elles en font attirées et enfuite repouffées.   Cet effet leur eft
commun avec tous les autres corps qui n'ont pas
été électrifés.   Mais elles l'étoient déjà par la chaleur; elles devoient donc être repouffées dès le
premier abord par le tube, fans en être attirées *t*)   Ce qu'il y a de plus remarquable dans
cette expérience, c'eft que le tube étant éloigné,
ces deux pierres, au lieu de fe repouffer mutuellement comme font tous les corps qui ont été électrifés, s'attirent auffi fortement qu'auparavant *v*).

Ces

---

combattre mes découvertes.   On n'a qu'à fufpendre
deux aimants l'un à côté de l'autre, ils tourneront,
jusqu' à ce que leurs Pôles amis fe feront face, et
alors ils s'attireront.   Il en eft de même des *Tourmalines.*   Parceque dans les miennes les côtés indi-
qués par la même lettre, fe repouffent, et que
ceux qui font marqués par des lettres differentes s'attirent ; les pierres tournent, jusqu' à ce que le
côté pofitif de l'une foit oppofé au côté négatif
de l'autre, et alors elles s'attirent. *Ae.*

t) L'auteur s'imagine encore, de voir ici quelque
chofe de particulier. Je n'y en vois rien. Lorsqu'
on approche le tuyeau de verre, aux *Tourmalines,*
elles tournent, jusqu'à ce que le côté négativement électrique, foit oppofé au tuyeau, et alors
elles font néceffairement attirées par le tuyeau. *Ae.*

v) Je ne vois ici non plus rien de remarquable. Les
Tourmalines, comme des corps électriques par eux
mêmes, ne reçoivent point d'Electricité du tuyeau
de verre, ou du moins tres peu ; comment pour-
roient-elles donc fe repouffer? *Ae.*

Ces deux effets qui femblent être en contradiction avec celui de l'expérience dixiéme, lui fervent de confirmation. Ils prouvent que la *Tourmaline* déjà électrifée par la chaleur, ne peut prendre l'électricité ordinaire, qu'elle eft fenfible à fon action fans rien perdre de la fienne, qui eft par conféquent d'une nature différente *x*).

La vertu électrique de cette pierre agit à tra-*Exp.* 13. vers l'eau, ce que ne fait point l'électricité ordinaire; elle fe fait reconnoître au bout d'un conducteur, et fur fa furface même où l'on apperçoit l'agitation des petits corps qu'on y a jettés *y*).

Une obfervation qui méritoit d'être vérifiée, ou au moins répétée, c'eft celle qui regarde l'efpece d'électricité qui eft propre à la *Tourmaline*. Meffieurs AEPIN et WILKE qui admettent comme M. FRANCKLIN deux efpeces d'électricité, l'une *pofitive* et l'autre *négative*, prétendent que cette pierre a le plus fouvent ces deux efpèces d'électricité en même-tems *z*). ,, Si l'on frotte,
,, difent.

---

x) Je conclus de tout cela, que la *Tourmaline* reffemble à cet égard à tous les autres corps électriques par eux mêmes, et que, quant à ce point-ci, fon électricité n'eft point d'une nature différente. Elle l'eft à la vérité, mais à d'autres égards. *Ae.*

y) Je l'avoue, cette expérience m'eft très fufpecte. Je n'y ai jamais réuffi, et je fouhaiterois, que l'auteur eut expliqué plus clairement la façon dont il s'y eft pris. *Ae.*

z) Je crois avoir répondu fuffifamment à tout ce que l'auteur dit ici, et dans la fuite, jufqu'à ce paffage :

,, difent-ils, légèrement la *Tourmaline* avec un mor-
,, ceau de drap, de forte qu'elle ne contracte pas
,, une chaleur confidérable, cette opération lui
,, procure une électricité affez vive.   Mais il faut
,, bien remarquer que fi l'on touche la pierre avec
,, la main nue ou avec quelqu'autre corps non éle-
,, ctrique que ce foit, pendant le frottement ou
,, immédiatement après, la furface qui a été alors
,, expofée au frottement, reçoit une électricité *po-*
,, *fitive*, tandis que l'autre furface oppofée eft éle-
,, ctrifée négativement. On obferve encore qu'en
,, attachant la pierre à l'extrèmité d'un bâton ou
,, d'un tube de verre, et en la frottant de manière
,, que la furface qui ne fouffre pas cette opération,
,, ne foit pas touchée par un corps non électrique,
,, les deux furfaces de la pierre acquierent alors
,, une électricité *pofitive*.   Ces différens phéno-
,, mènes ne font pas particuliers à la *Tourmaline*,
,, ils conviennent à tous le corps qui font de la
,, nature du verre.

,, Outre cette électricité vulgaire, la *Tourma-*
,, *line* en a une qui lui eft propre, et qui n'a aucu-
,, ne affinité avec celle dont nous venons de par-
,, ler. Si l'on échauffe la pierre également dans
,, toutes fes parties, comme il arrive quand on
,, la plonge dans une liqueur chaude, il y a une
,, de fes furfaces, (A) par exemple, qui acquiert

,, toû-

---

ge: *Les expériences m'ont toûjours réuffi, comme
elles etc.* dans la Lettre fuivante, que je lui adref-
fe. *Ae.*

„ toûjours conftamment une électricité pofitive,
„ tandis que l'autre (B) eft *négative*; alors la
„ pierre eft dans fon état naturel. Ce phénomè-
„ ne ne dépend pas de la figure que l'ouvrier a
„ donnée à cette pierre, puifque deux pierres de
„ cette efpèce fe font trouvées avoir une électri-
„ cité de différente efpèce dans leurs côtés cor-
„ refpondans et parfaitement femblables. Il faut
„ l'attribuer, comme la vertu des pôles de l'ai-
„ mant à la ftructure et à la difpofition de fes par-
„ ties internes. La pierre étant dans cet état na-
„ turel, fi l'on applique fur chacune de fes furfa-
„ ces un conducteur métallique, l'un d'eux s'éle-
„ ctrife *pofitivement* et l'autre *négativement*, de forte
„ qu'une balle de liège ou tout autre corps fuf-
„ pendu librement entre ces deux conducteurs,
„ eft porté fucceffivement de l'un à l'autre.

„ Si l'une des deux furfaces de la *Tourmaline*,
„ telle qu'elle foit eft plus échauffée que l'autre,
„ comme il arrive lorsque les degrés de chaleur
„ néceffaires lui font communiqués par le moyen
„ d'un charbon allumé ou d'une lame de métal, de
„ verre, etc. ou d'un verre ardent; la furface *po-*
„ *fitive* (A) de la pierre reçoit une électricité *né-*
„ *gative*, et la furface *négative* (B) en reçoit une
„ pofitive. Mais comme la chaleur fe diftribue
„ également en peu de tems dans tous les corps,
„ il arrive alors une fingularité phyfique bien fur-
„ prenante, la *Tourmaline* laiffée à elle même, fe
„ réalife en peu de tems dans fon état naturel, fa
„ furface

,, furface *pofitive* (B) devient *négative*, tandis que
,, fa furface *négative* (A) reprend fon état *pofitif* ,,.

Il y a certainement une erreur d'obfervation
dans ces trois derniers faits qui tiennent du paradoxe; et l expérience nous fournit plufieurs moyens de le prouver démonftrativement.   D abord
il eft conftant que fi les deux furfaces de cette
pierre ne font pas égales, elles ne s'échaufferont
pas également ni en quantité ni en viteffe dans un
même tems donné.   La plus grande (A) (fig. 1.)
s'échauffera et fe refroidira en moins de tems que
la plus petite (B).   En fecond lieu, celle de ces
furfaces, telle qu'elle foit, qui fera immédiatement appliquée fur le feu, acquierera plus de chaleur que l'autre.   Je mets dans le même rang la
chaleur plus égale que peut procurer l eau bouillante ou tout autre liquide, parce qu'en reffuyant
ou non la *Tourmaline*. le coté le plus petit fe refroidit plus promptement que l'autre, et rentre
par là dans le cas de celle qu'on lui procure par
les charbons.   Enfin la vertu électrique plus ou
moins grande de cette pierre, dépendent d'un
certain degré de chaleur *a*); fuppofons, d après
l ex-

---

a) Nous tacherons de rendre ces parole- plus claires.
Pour *produire* un certain degré d'électricité dans la
Tourmaline, il faut un certain degré de chaleur ;
mais quand elle eft une fois produite, elle *dure*
affés long-tems; même après que la chaleur   qui
l'a produite   s'eft diffipée.   Mes expériences le
prouvent évidemment; ainfi tout ce que l'auteur
dit à l'occafion de fa 14 et 15 expérience, fe fonde
de fur une fauffe fuppofition. *Ae.*

l'expérience, que le 70. degré de chaleur foit celui où cette vertu commence à agir, et que le 30.
dégré foit celui où elle ceffe.

    Cela pofé, fi c'eft la plus grande furface (A) *Exp. 14.*
que l'on chauffe le plus, et même un peu au-deffus de 70 degrés, il eft évident que la plus petite furface (B) commencera, et ceffera d'être
électrique avant la furface (A), et qu'ainfi dès
que celle-ci commencera à le devenir, elle le fera
toûjours pofitivement, en égard à l'autre (B) qui
fera pour lors négative. Dans ce cas une petite
balle de liége (fig. 14.) fufpendue entre deux
conducteurs métalliques couchés fur des rouleaux
de verre, dont l'un (A) foit appliqué contre la
grande furface (A) de la pierre, et l'autre (B)
à fa petite furface, fera d'abord attirée par le conducteur (B) qui a été électrifé le premier, et enfuite par le conducteur (A), et fera portée ainfi
fucceffivement de l'un à l'autre, ceffant par le
conducteur (A).

    Si au contraire l'on chauffe la petite furface *Exp. 15.*
(B) plus que la grande (A) et beaucoup au-deffus
de 70 degrés, de manière que la furface (A)
commence la premiére à être électrique. Lorfque la petite furface (B) commencera à le devenir, elle le fera pofitivement en égard à la grande
furface (A). Mais comme cette petite furface
(B) fe refroidit plus vîte que la grande (A), il
viendra un moment où elles le feront également,
et peu après la petite furface (B) reprendra fon

H

état

état naturel négatif, tandis que la grande (A) fer
relativement à elle dans fon état naturel.   Dar
cette expérience la petite balle de liége eft attiré
d'abord par le conducteur pofitif (A), et enfuir
par le conducteur (B) alternativement jufqu'à
que les deux conducteurs foient également élect
ques comme les deux furfaces de la pierre. Alo:
la balle refte agitée entre les deux conducteu
fans toucher ni l'un ni l'autre.   Enfin la grand
furface (A) perdant moins de fon électricité qu
la petite, la balle eft attiıée par fon conducter
(A), et de là au conducteur (B), et ainfi de l'u
à l'autre fucceffivement jufqu'à ce que la pierre a
entiérement perdu fon électricité.   Lorsque
pierre eft trop chaude, la balle refte fans mouve
ment entre les conducteurs. Une lame d'or mi:
entr'eux eft portée de l'un à l'autre comme la bal
de liége.

Ces expériences m'ont toûjours réuffi comm
elles font décrites dans les ouvrages de Meffieu:
AEPIN et WILKE.   Mais je ne déciderai p:
comme eux qu'elles prouvent deux électricit
différentes en efpèce *b*).   Il me femble au co:
trai

---

b) Mr. mon *Antagonifte*. verra par mon fecond M
moire, que lorsque j'attribue à la *Tourmaline* l'é
étricité pofitive et négative en même tems, je
me fonde pas fur l'expérience faite, avec le pe
dule balançant entre les deux conducteurs ; mais
d'autres bien plus convaincantes, et je ne l'ai cité

traire qu'elles conftatent dans cette pierre une feule et même électricité, dont l'inégalité dépend de fa figure, ou de l'inégalité de grandeur de fes furfaces. Je ne vois d'ailleurs dans ces effets rien qui ne foit naturel, rien qui tienne à deux efpèces d'électricités différentes. L'expérience quatorziéme repréfente le phénomène que ces Auteurs regardent comme l'état naturel de la *Tourmaline*; et l'expérience quinziéme explique ce changement, ce tranfport, qui leur a paru fi fingulier, de l'électricité d'une furface à l'autre, et de fon retour fucceffif à la furface qui lui convient. Enfin quelque penchant que j'aye à admettre deux efpèces d'électricité, je ne puis m'empêcher d'avouer par amour pour la vérité que la prétendue découverte de Meffieurs Aepin et Wilke, n'eft qu'un merveilleux paradoxe, une erreur qui doit fon origine à une forte prévention en faveur du fyftème des deux électricités contraires *c*).

H 2

La

---

que parce qu'elle a quelque chofe d'agréable, et qu'elle confirme en même tems la juftefle de mes affertions. *Ae.*

c) Je vois bien par les expreffions énergiques, dont l'auteur fe fert en divers endroits, comme ici, qu'il eft vivement animé de l'amour de la vérité. J'en tire un bon augure pour moi, car lorfqu'il aura réiteré mes expériences, j'efpere, qu'il me défendra avec la même chaleur, dont il m'attaque à préfent. *Ae.*

La *Tourmaline* seroit-elle l'unique pierre qui
eût la propriété de s'électrifer par la fimple chaleur? Auroit-elle été inconnue dans l'antiquité,
Ce font deux queftions également intéreffante:
que je me fuis faites, Monfieur, et que je me
propofe actuellement d'examiner.   La premiere
fournira des preuves, ou au moins des éclairciffe-
mens à la feconde, dont la folution me paroît fort
épineufe.

Si nous cherchons dans les Auteurs tout ce
qui a été dit fur les pierres qui attirent étant chauffées, nous trouvons quelque chofe à ce fujet dans
Pline, au liv. 37. chap. 37. de *Carbunculi fpeciebus.*
*Et alias invenio differentias, unam quae purpura ra-
diet, alteram quae cocco, à fole excalfactas d)* ...
*paleas et chartarum fila ad fe rapere.   Hoc idem et
carchedonius facere dicitur, quanquam multo vilior prae-
dictis.*   Au rapport de Monardes, cité par Boëce,
Liv. 2, chap. 4, fur les propriétés du diamant,
deux diamans frottés long-tems l'un contre l'autre,

fe

---

d) Je fuis très porté, à croire effectivement que c'eft
précifement la *Tourmaline. Pline* parle ici d'une
pierre précieufe de la couleur du *Coccus.* La couleur de mes *Tourmalines* en approche en quelque
façon.   J'ai expofé la *Tourmaline* dans un tems
chaud, au foleil, et elle eft devenue électrique.   Cela n'eft pas étonnant.   La chaleur des rayons du
foleil, furpaffent de beaucoup le degré 96 ou 97
du Thermometre de Fahrenheit, elle eft par conféquent plus que fuffifante, pour exciter l'électricité
de la *Tourmaline. Ae.*

se tiennent fortement attachés enfemble. *Id ve-
rum à Monarde de adamante ftatuitur, quod ſi alteri
diù affricetur, illi ſatis firmiter adhaereat, ac ſi
caleſiat paleas attrahat, etc.* Garcias ab Horto
dit à peu près la même choſe au chap. 47 de fon
premier livre des Aromats. *Illud vero ſaepius ex-
pertus ſum adamantes exquiſitos mutuo attritu ſic glu-
tinari ut facile ſeparari non poſſint. Sic etiam adaman-
tem vidi ubi incaluiſſet feſtucas trahere non fecus ac
ferrum.*

Ces deux aſſertions méritoient d'être prou-
vées, j'ai voulu m'en aſſurer par l'expérience. J'ai
expofé au feu, depuis le degré le plus foible
juſqu'au degré le plus fort, deux diamans du poids
de mes *Tourmalines*: ils n'ont jamais acquis la
moindre vertu attractive, non-feulement pour
s'attacher l'un à l'autre, mais même pour attirer
le plus petit fétu. Frottés enfemble, ils n'ont pas
gagné davantage: mais frottés fur un morceau de
drap, ils ont acquis aſſez de vertu électrique, non
pas pour fe coller enfemble, mais pour attirer de
demi-ligne à une ligne de diſtance des corps très-
légers, et les repouſſer enfuite, quoique foiblement, et à une très-petite diſtance. Ces expériences me donnent lieu de croire que les deux
diamans, dont parlent Monardes et Garcias ab
Horto, étoient fort grands et taillés en table, et
qu'ils n'adhéroient enfemble que par leur poli;
propriété qui leur feroit commune avec toutes les
autres furfaces planes, exactement polies, de
quelque corps que ce foit.

H 3

La

La *Tourmaline* qui a quelque rapport avec le diamant, en ce qu'elle réfiste, comme lui, à la chaleur d'un feu très-violent, dans lequel on la jette fubitement, ne prend pas plus de vertu que lui, étant frottée à froid; mais lorfqu'on la chauffe fuffifamment, elle acquiert à peu près la vertu que Monardes et Garcias ab Horto attribuent au diamant. Mes deux *Tourmalines*, dont les furfaces, quoique bien polies, ne font pas affez grandes pour adhérer enfemble, acquiérent cette vertu par la fimple chaleur, elles adhérent même presqu'autant qu'il faut pour fe foutenir l'une l'autre.

Ces Auteurs ne font pas les feuls qui ayent attribué la vertu attractive au diamant par la fimple chaleur. Boyle a étendu cette propriété fur la plûpart des pierres tranfparentes; et quelques Auteurs très-modernes (*) ont cru qu'il n'en coûtoit pas davantage d'y joindre les autres pierres transparentes que Boyle en avoit excepté, comme l'émeraude, la calcédoine, le faphir blanc, etc. Ils ont même hazardé de dire, fans autre éxamen, que la plûpart des pierres opaques, comme l'aimant, l'agate, la cornaline et les jafpes, étant chauffées à proportion de leur dureté, acquierent la vertu électrique relativement à leurs couleurs,
dont

____

(*) Voyez M. *d'Argenville*, Oryctologie, édition de 1755, pag. 144.

dont les unes attirent plus fortement que les autres.

Cependant comme ces faits ne portent pas plus le caractere de l'évidence que les précédens, dont j'ai démontré la faulleté, j'ai cru que l'autorité de ces Auteurs ne fuffifoit pas pour les garantir. J'ai donc effayé par le frottement et fur le feu, les pierres précieufes, tant transparentes qu'opaques: aucune d'elles n'a montrée, par la feule chaleur, la moindre vertu électrique. Vous avez été témoin, Monfieur, de quelques-unes de ces expériences; et la répétition que j'en ai faite fur des pierres de mêmes efpèces et de différentes grandeurs, confirme les réfultats que vous trouverez dans la table füivante. De toutes celles qui y font rapportées, il n'y a que le diamant qui puille, comme la *Tourmaline*, être expofé impunément au grand feu; les autres s'y callent plus ou moins vîte, et particulierement les plus transparentes, ou celles qui ont déjà des glaces. Ainfi on ne fçauroit prendre trop de précautions en les foumettant à cette expérience. On ne rifque cependant rien, même pour les plus groffes, lorsqu'on les chauffe peu à peu par degrés, fur un charbon couvert d'une couche de cendres, et qu'on ne les y laiffe pas trop long-tems.

H 4   TABLE

TABLE

Des Pierres fines transparentes et opaques, qui
n'ont pû acquerir aucune vertu électrique
étant chauffées *simplement*, comme
la *Tourmaline*.

Pierres transparentes.	*Pierres opaques.*
Diamant blanc.	Cornaline rouge.
Diamant jaune.	Grenat.
Rubis.	Jade.
Topaze Orientale.	Jayet.
Topaze du Bresil.	Agate d'Allemagne.
Saphir bleu.	Lapis Lazuli.
Saphir blanc.	Jaspe verd.
Emeraude.	Jaspe fleuri.
Emeraude du Bresil.	Jaspe rouge d'Egypte.
Ametiste.	Malachite.
Iris.	Marcassite.
Girasol.	Turquoise.
Pierre Chatoyante.	Corail.
Aigue marine.	Perles.
Caillou de Bohême.	
Succin.	
Jacinte.	
Peridot.	
Opale.	

Toutes ces pierres ne peuvent s'électriser
par la seule chaleur, mais elles s'électrisent par
le

le frottement; elles font donc de la claſſe des corps électriques. Il faut cependant en excepter les dix dernieres, depuis l'agate d'Allemagne, qui ne s'électrifent ni par la chaleur ni par le frotte‑ ment, et qui par‑là font ce qu'on appelle des corps non électriques.

On peut ajouter à ces pierres les autres corps électriques, que quelques Phyſiciens ont cru s'électrifer à la feule chaleur du feu, fans le fecours d'aucun frottement, tels que le verre, le foufre, et la laque ou cire d'Efpagne. Car il eſt certain qu'on ne leur trouve point cette vertu, lorsqu'on a pris toutes les précautions néceſſaires pour éviter le moindre frottement, le moindre choc ou attouchement de ces corps, avant ou après les avoir chauffés. Un reſte d'électricité qui fe conferve pluſieurs jours dans la cire d'E‑ pagne, par exemple, eſt bien capable d'en im‑ pofer, et l'on ne fçauroit donner trop d'attention dans cette expérience *e*).

H 5 II

---

e) Je fuis charmé de la precaution et de la delicateſſe, avec les quelles l'auteur a fait ces expériences. Je n'ai pu parvenir non plus jusqu'ici, à exciter, dans quelque corps que ce foit, excepté la *Tourmaline*, l'électricité par la fimple chaleur, c'eſt à dire, lors‑ que j'ai ufé de toute précaution néceſſaire, pour ne pas être trompé; malgré la multitude des corps, fur lesquels j'ai fait mes expériences, dont le detail fe‑ roit fuperflu: quoique *Boyle* et apres lui *Mufchen‑ broek* et d'autres, ayent pretendu, que le verre et le fouffre avoient cette proprieté. Il eſt vrai, que

Il est donc faux que les pierres précieuses s'électrisent par la seule chaleur, et il paroît suffisamment prouvé que, de tous les corps qu'on a soumis à cet examen, la *Tourmaline* est le seul qui ait cette propriété. Voyons s'il ne seroit pas possible de la reconnoître dans les anciens.

Pline, dans son histoire naturelle, parle plusieurs fois d'une pierre appellée Théamede, qui a la propriété de repousser le fer, par opposition à la vertu attractive de l'aimant *f*). Voici ce qu'il dit de cette pierre, sans la nommer, au *prooemium* du 20. livre, pag. 187 de l'édition de 1723. *Atque ut à sublimioribus recedamus, ferrum ad se trahente magnete lapide, et alio rursus abigente à se.* Ce n'est pas *allio* qu'il faut lire, comme l'ont cru quelques critiques réfutés par le P. HARDOUIN, tant sur les

---

mes nouvelles expériences contenues dans le supplement de mon second memoire, prouvent que le souffre, et probablement tous les autres corps résineux, deviennent électriques par la simple chaleur. Mais elles démontrent en même tems, qu'il s'y faut prendre d'une toute autre façon, qu'avec la *Tourmaline*. *Ae.*

f) Je doute que le *Theamedes* de *Pline* soit la *Tourmaline*. Apparament, que quelque Physicien ayant vu, qu'un aimant repoussoit le pôle ennemi d'un fer aimanté, en a pris occasion de forger un *Theamedes*. Si *Pline* avoit parlé de la *Tourmaline*, il auroit dû dire, que le *Theamedes* attiroit d'abord, le fer, et le repoussoit après, et c'est ce qu'il ne dit nulle part. *Ae.*

les anciens manufcrits, que fur l'autorité même de Pline, qui dit encore au 36. liv. chap. 16, n. 35, pag. 747, en parlant de l'aimant. *Alius rurfus in eadem Aethiopia, non procul, mons gignit lapidem Theamedem, qui ferrum omne abigit refpuitque.* Cet Auteur, ainfi que le remarque le P. HARDOUIN, avoit déjà dit, liv. 2, chap. 96, n. 98, pag. 116. *Duo funt montes juxta flumen Indum; alteri natura eft ut ferrum omne teneat, alteri, ut refpuat.*

On peut encore citer ici le *Lapis Lyncurius,* dont Pline dit, liv. 37, chap. 3, qu'elle attire le fer et les corps légers: *nec folia tantum aut ftramenta ad fe rapere, fed ueris etiam ac ferri laminas, quod Diocles quidem et Theophraftus credit.* Mais nous ne fçavons vraifemblablement pas ce que c'eft que la pierre que les anciens appelloient *Lyncurius:* du moins eft-il certain que la *Belemnite* ce corps foffile figuré en cône, que la plûpart des Naturaliftes prennent pour le *Lapis Lyncurius* de Pline, n'attire aucun corps, ni étant frottée, ni chauffée, même vivement, au feu. Elle ne leur communique aucun mouvement d'attraction ni de répulfion. Il faut donc, en fuppofant que Théophrafte et Pline ne fe foient pas trompés, que le *Lapis Lyncurius* foit une autre pierre que la *Belemnite,* auquel nous rapportons aujourd'hui ce nom.

En rapprochant ces divers paffages de Pline avec ceux que j'ai cités ailleurs, on eft tenté de croire que cet Auteur a eu connoiffance de la *Tourmaline,* ou au moins d'une pierre fort approchante

chante, fur-tout lorsqu'on compare ce qu'il dit
de la Théamede, avec l'expérience 7 de la *Tour-*
maline, oppofée à l'aimant. Cependant comme
il néglige de faire la defcription de cette pierre,
et qu'il ne parle que d'une manière très-vague de
fa vertu, il me femble qu'on ne peut guères donner de décifion à ce fujet.

Telles font, Monfieur, les expériences et
les recherches que j'ai cru devoir faire fur la *Tour-*
maline, pour en conftater les propriétés électriques, et je ne puis mieux finir cette Lettre qu'en
vous en rappellant le précis, pour vous faire voir
d'un coup d'oeil en quoi elle differe des autres
corps électriques, et en quoi elle leur reffemble.

La *Tourmaline* reffemble aux autres corps
électriques en fept points.

1. En ce qu'étant frottée elle attire et repouffe les corps légers. (*Expérience* 1.)

2. Etant trop chauffée, elle n'a plus d'électricité, ce qui arrive auffi au cylindre de verre,
de foufre, de cire d'Efpagne, etc.

3. Sa vertu agit de même à travers le papier. (*Exp.* 2.)

4. Elle agit au bout d'un conducteur métallique. (*Exp.* 3.)

5. Elle n'a point de poles non plus que les
corps électriques. (*Exp.* 5.) g)

6. Elle rejette plus vivement les paillettes
aux endroits où l'on préfente les pointes. (*Exp.* 6.)

7. Sa

---

g) Voyez Remarques (*m*) et (*n*). Æ.

7. Sa vertu n'eſt pas altérée par l'aimant. (*Exp.* 7.)

Ces phénomènes la rapprochent beaucoup des autres corps électriques; mais elle en differe par ſept autres points eſſentiels.

1. Elle s'électriſe par la ſeule chaleur, et beaucoup plus que par le frottement. (*Exp.* 1.)

2. Elle ne donne aucune lumiére, aucune étincelle étant électriſée. (*Exp.* 8.) *b*)

3. Elle s'électriſe dans l'eau. (*Exp.* 13.)

4. Elle ne peut perdre ſon électricité par aucun des moyens ordinaires de la machine électrique, ni par les pointes. (*Exp.* 9.)

5. Elle ne s'électriſe pas par les mêmes moyens. (*Exp.* 10.)

6. Au lieu d'être repouſſée par un tube électriſé, elle en eſt attirée. (*Exp.* 12.)

7. Deux *Tourmalines* ſuſpendues à des fils, étant chauffées, s'attirent mutuellement, au lieu de ſe repouſſer comme font les autres corps électriques. (*Exp.* 11.) *k*)

Il

---

b) J'ai trouvé cela différemment. Voyez ma lettre à Mr. le *Duc*. *Ae*.

i) J'ai dans mes remarques (*q*) (*r*) et (*t*) que la 5 et 6 obſervation de l'auteur, font en partie peu conformes à la verité et qu'en partie elles ne prouvent rien dans la *Tourmaline*, qui ne convienne à d'autres corps électriques par eux mêmes. *Ae*.

k) Ce ſeroit un plus grand paradoxe, s'il étoit vrai, que tous ceux, que j'ai allegués. Mais j'ai montré dans la remarque (*s*) ce qui a trompé l'auteur. *Ae*.

Il fuit de ces expériences, que la *Tourmalir.*
eft un corps électrique qui s'électrife par de
moyens différens des autres corps électriques
que fon électricité eft différente de la leur; qu ell
eft fenfible, comme la vertu magnétique, à l'actio
de leur électricité, fans s'en charger, fans perdr.
la fienne, et fans leur faire perdre la leur *l*): pa
conféquent cette pierre differe en cela de tous le
autres corps électriques jufqu'ici connus.

Voilà, Monfieur, ce que je m'étois propof
de vous expofer fur la *Tourmaline.* Les diverfe
opinions des Sçavans de cette Ville, fur l'électri
cité finguliére de cette pierre, qui y eft affez rar
et encore trop peu connue, ont donné lieu à ce
recherches, que je ne croyois pas d'abord fort in
téreffantes. Mais en les approfondiffant, elle
m'ont paru fufceptibles de quelques utilité pour l
phyfique relativement à l'électricité, et c'eft er
voulant vérifier les merveilles qu'on en a publié
que j'ai découvert quelques propriétés qu'on igno
roit *m*). Je ne penfe cependant pas avoir épuif
le:

---

l) Je me rapporte encore à mes remarques (*q*) (*r*
et (*t*). *Ae.*

m) Lorsque je fonge, que les propriétés particuliére:
que l'auteur attribue à la *Tourmaline,* fous n. 2
4. 5. 6 et 7. font deftitués de fondement, je douc
qu'on puiffe dire, qu'il a découvert quelque chof
de remarquable, ou qui foit inconnu jufqu'ici, ca
les propriétés, dont il parle fous n. 1 et 2, étoieu
déja connuës avant lui. *Ae.*

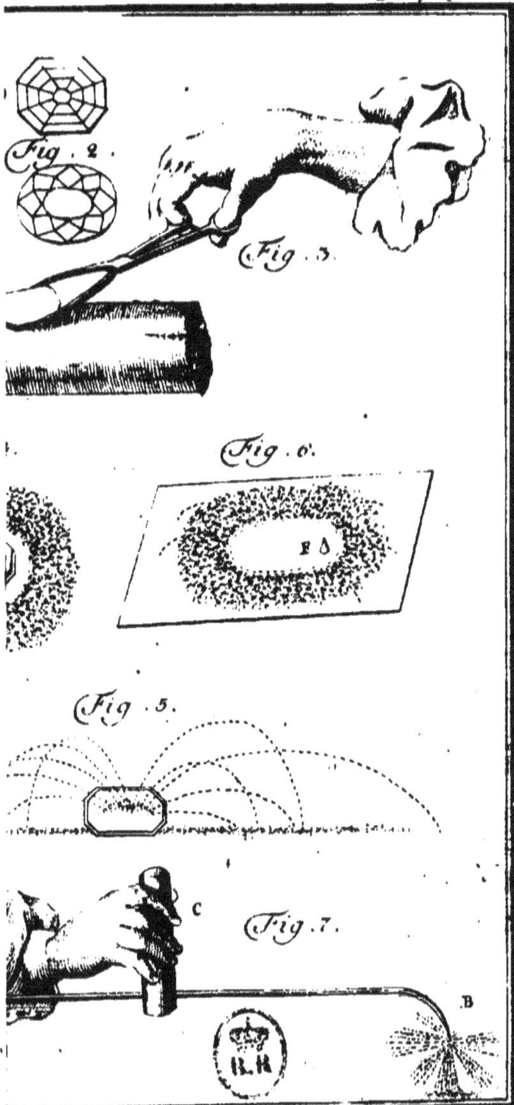
Fig. 2.
Fig. 3.
Fig. 6.
F
Fig. 5.
C
Fig. 7.
B

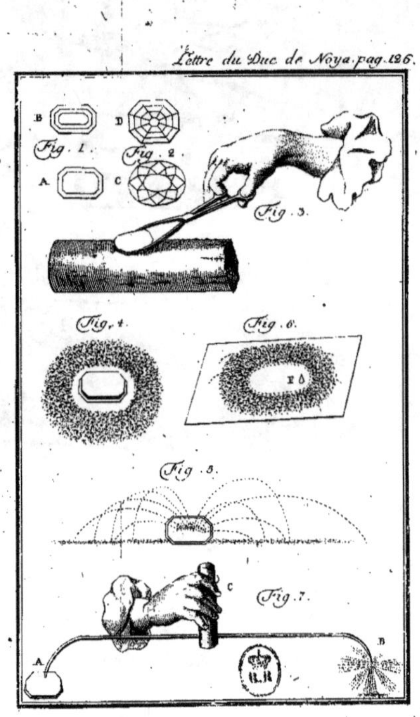

Lettre du Duc de Noya. pag. 126.

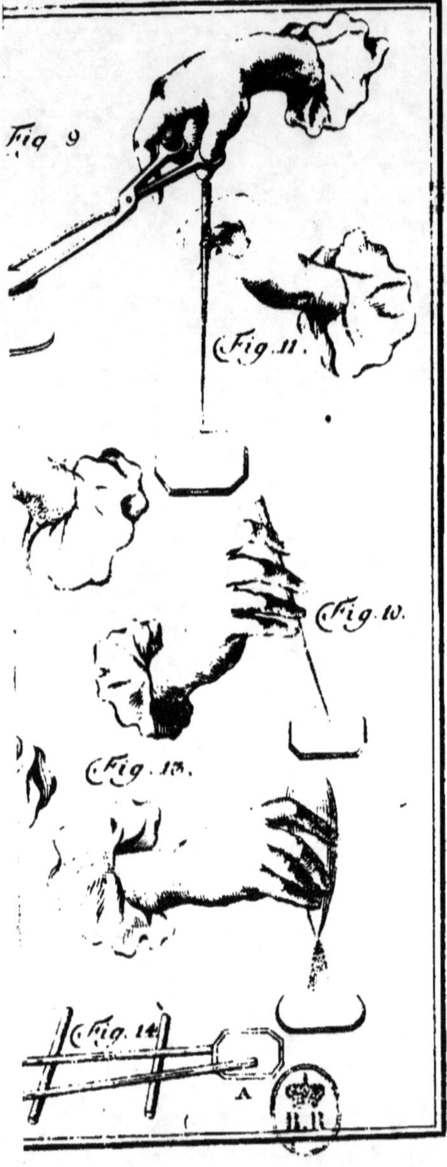
Fig. 9
Fig. 11.
Fig. 10.
Fig. 13.
Fig. 14.

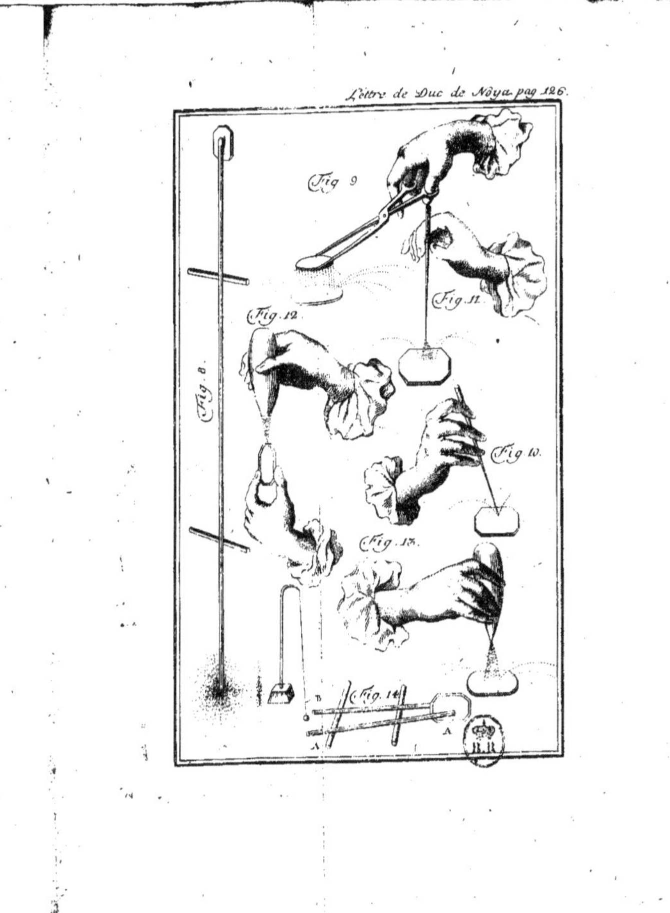

Lettre de Duc de Noya pag. 126.
Fig. 9
Fig. 11
Fig. 12
Fig. 8
Fig. 10
Fig. 13
Fig. 14

les expériences qu'on peut faire à ce fujet, mais du moins ai-je éprouvé les plus effentielles. Si l'on propofe par la fuite, fur cet objet, quelques nouvelles expériences qui vous paroiffent importantes, j'efpere que vous voudrez bien m'en inftruire, et m'aider de vos lumieres. Je les ferai avec plaifir, n'ayant rien de plus à coeur que le progrès des fciences.

Je fuis, Monfieur, etc.

Le Duc DE NOYA·

A Paris, ce 15 *Décembre* 1758.

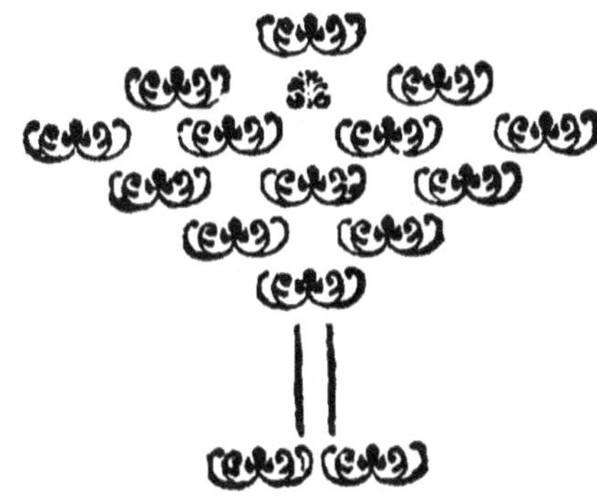

V. Lettre

* * * * * * * * * * * *

V.

Lettre de Mr. Aepinus
à Mr. le Duc de Noya Caraffa
touchant la *Tourmaline*.

Monſieur!

Les découvertes que j'eus le bonheur de faire ſur la *Tourmaline* au commencement de l'année 1757, commencent à me paroître bien précieuſes, puisque d'habiles Phyſiciens, et ſur tout vous, Mr., daignés faire plus de cas des phénomènes merveilleux de cette pierre, que je n'oſois en faire moi-même. Je craignois d'être ſeduit par le panchant, que tout homme a pour ſes ouvrages, et c'eſt ce qui m'a fait craindre de leur donner trop d'éſtime. Je commence maintenant à moins douter de leur prix, puisqu'un homme de votre pénétration veut bien y donner un peu de ſon attention; Quoiqu' l'étude de la nature ne faſſe pas, comme vous le dites vous-même, votre occupation principale, il eſt aiſé néanmoins de voir par votre lettre à Mr. de Buffon, que cette ſcience perd beaucoup par la préférence, que vous donnés à d'autres.

Vous

Vous avés fait ufage, Monfieur, de la liberté
qui regne, et qui doit regner dans la République
des lettres, pour faire quelques remarques, dans
les quelles vous vous éloignés de mon fentiment.
Vous avés nié la réalité de quelques-unes de mes
expériences, et mes réflexions fur quelques autres, n'ont pas le bonheur de vous agréer. Je me
flatte, Monfieur, que vous ne désapprouverés
point, que j'ufe ici de la même liberté. Ma défenfe vous convaincra, que c'eft l'amour feul de
la vérité, et non point les préjugés, qui me mettent la plume à la main.

Il m'a parû, que je ne pouvois me difpenfer
de faire mon apologie. Je Vous la dois Monfieur,
et je me la dois à moi-même. Je la crois d'autant
plus néceffaire, que s'il y a quelques erreurs dans
ce que nous avons écrit fur cette matière, Mr.
Wilke et moi, la faute en doit rejaillir entièrement fur moi. Toute cette affaire eft en quelque
façon étrangère à Mr. Wilke. Il a été préfent
à mes expériences; il les a répétées avec mes
pierres, en fuivant en tout point mon procedé.
Il s'eft fervi dans fa favante differtation de *Electricitatibus contrariis*, à peu près des mêmes termes,
que j'avois employés dans le Mémoire, que je remis
au commencement de Mars 1757 à l'Académie
des Sciences de Berlin, et dont je lui avois communiqué la lecture en manufcrit. Ayant attefté
la vérité de mes expériences, Mr. Wilke a fon
témoignage à défendre; mais le fond de l'affaire

I

m'eft

m'eſt perſonel. Je compte, que vous voudrés bien
m'excuſer, ſi je prends la défenſe de ma cauſe avec
le zéle qu'elle doit m'inſpirer.

Il me paroit d'abord, Monſieur, qu'il y a une
inattention en ce que vous avancés : que le Mémoire
que fit imprimer Mr. Toussaint dans ſes Obſervations périodiques de Phyſique et Hiſtoire naturelle, au Mois de Mai 1757, n'eſt qu'une traduction de celui, que j'avois préſenté à l'Académie de Berlin. Ce Mémoire n'avoit beſoin d'aucune traduction, puisque cette Académie ne pu-
blie ſes écrits, qu'en langue françoiſe, ce qui aſ-
ſurément n'eſt pas ignoré à Paris. D'ailleurs le
volume qui le contient, n'eſt ſorti de deſſous la
preſſe, qu'en 1758. Je préſume même, que
vous ne l aviés pas encore vû, lorsque vous avés
donné votre lettre au public. Je ne penſe pas
non plus que Mr. Toussaint ait puiſé dans
l'écrit de Mr. Wilke, dont la Diſſertation n'a
été imprimée à Roſtock, que dans les mois d'Aout
et de Septembre de 1757. Avant de quitter
Berlin dans le mois de Mars de la même année,
pour me rendre à St. Péterſbourg, j'écrivis à un
de mes amis, qui étoit à Paris. J'inſérai dans ma
lettre un récit fort ſuccint de la découverte, que
je venois de faire. Je priai mon ami d'en faire
part aux Phyſiciens de cette ville, et c'eſt, ſuivant
toute apparence, ce que Mr. Toussaint a publié, et non pas le Mémoire remis à l'Academie de
Berlin.

De

De toutes les objeƈtions que Vous me faites, Monſieur, il n'y en a qu'une ſeule (c'eſt la prémière) qui ſoit bien fondée. Je ne me fais point de peine d'avouer mon tort, et je l'ai reconnu depuis quelque tems. La *Tourmaline* n'a point la dureté du Diamant, et je ne lui ai attribué cette qualité, que ſur le témoignage d'un ami, connoiſſeur des mineraux. Quelques unes de mes expériences me prouverent, que ma pierre avoit une très grande dureté, et c'eſt ce qui me determina à ajouter foi à ce qu'on m'en avoit dit. Je manquois pour lors de tems et de commodités, pour rechercher avec plus de ſoin le dégré de ſa dureté ; d'ailleurs je n'enviſageois cette qualité, que comme une choſe étrangère au bût principal. Comme j'examinai la *Tourmaline* en Phyſicien et non en Jouaillier, je prêtai plus d'attention aux prodiges d'éleƈtricité qu'elle me découvroit, qu'à ſon dégré de dureté.

Je regarde encore comme une choſe accidentelle, ce que vous dites page 89 (*) de votre lettre. Je ne comprends pas bien votre penſée. Suis-je donc le ſeul qui ait donné le nom de *Tourmaline* à cette pierre ? Et ſuis-je l'Auteur de celui de *Turpeline* ? Je n'ai jamais employé cette dernière dénomination, mais Mr. d'Argenville en a

I 2   fait

———————————————————————

(*) l'allegue ici la Lettre de Mr. *le Duc de Noya* ſelon l'impreſſion, qui ſe trouve dans ce Recueil.

fait ufage, ainfi que vous me l'apprénés. S'il fe
trouve dans les Obfervations périodiques, c'eſt
une faute d'impreſſion, que l'on ne doit point m'attribuer. Je l'ai nommée *Tourmaline* et je ne fuis
pas le feul qui lui ait donné ce nom. Vous convenés
vous même, que Mr. PICHETTI à Conſtantino-
ple lui a donné le même nom. Vôtre Négociant
d'Amſterdam le lui a auſſi donné; et je puis ajouter, que quantité d'Auteurs minéralogiſtes, et Mr.
MUSCHENBROECK (*) lui même l'ont ainſi nommée. Au refte, j'ignore, ainfi que vous, l'étymo-
logie de ce nom; j'ai crû néanmoins qu'il m'étoit
permis d'en employer un, que l'ufage avoit établi, quoique j'en ignoraſſe l'origine.

Ce détail acceſſoire a ſi peu de connexion avec
mes découvertes, qu'il ne mérite pas que je m'y
arrête plus long tems. Nous devons nous occuper
de chofes plus importantes; mais permettés moi
auparavant de m'écarter un moment de mon
fujet.

Il me paroît, que vous n'étes pas du même
parti que moi en Phyſique. Vous doutés, comme
j'ai

(**) Mr. *Muſchenbroek* parle de cette pierre, dans
ſa table de la péfanteur fpécifique de différents corps
inferée dans fes Inſtitutions Phyſiques. Il la nomme: *Tourmalinum, cryſtallum nigrum ſaturo flamma
colore, ex Indiis orientalibus*, et il détermine ſi
péfanteur ſpécifique, par rapport à l'eau, comme
2952: 1000. Ainfi la Tourmaline de Mr. *Muſchenbroek* étoit plus légére, que la mienne.

j'ai lieu de conjecturer, qu'il y ait plus d'une forte d'électricité. Je foutiens au contraire la réalité de deux électricités contraires, et je fuis intimement convaincû de cette vérité. J'ai pour moi fur ce point le célébre DU FAY, Mr. FRANCKLIN, presque tous les Anglois, et la plus grande partie des autres Phyficiens de l'Europe, et même quelques Membres illuftres de l'Académie de Paris; enfin ce qui doit l'emporter fans contredit fur tout cela, c'eft un nombre infini d'expériences, qui toutes s'accordent à démontrer la vérité de la Théorie de Mr. FRANCKLIN quant à ce point. Je fais que vous avés à m'oppofer la célébrité du nom et les expériences de l'Abbé NOLLET, mais cet illuftre Savant ne trouvera pas mauvais l'aveu que je fais, que fes raifons ne m'ont point convaincû. C'eft un tribut que m'arrache la vérité. L'eftime et la confideration que j'ai pour fon mérite, ne font pas capables de me faire penfer autrement à ce fujet.

Je n'ai pas moins de vénération, Monfieur, pour votre mérite perfonel et pour votre talent dans la Phyfique, quoique nous ne foyons pas d'accord fur certains points. Ne défapprouvés pas pourtant, s'il vous plait, fi je nomme votre doute fur mes découvertes, *une erreur, qui doit fon origine à une forte prévention en faveur du Syftéme que vous avés adopté.* Vous avés crû que votre amour pour la vérité vous autorifoit à employer cette expreffion contre moi. Je me flatte d'avoir autant d'attachement pour la vérité que vous même;

I 3

ainfi

ainsi vous aurés la bonté de me permettre de l'employer à votre exemple.

Ceci à la vérité a l'air d'une déclaration de guerre de ma part, mais ne pensés pas, que je veuille en venir à une attaque en forme. Vous savés mieux que moi qu'une discussion détaillée de cette nature ne peut entrer dans une lettre. Permettés moi seulement de vous racorter en peu de mots, de quelle façon je me suis subitement rangé du parti de Mr. FRANCKLIN. Peut-etre que le récit des raisons qui m'y ont porté, influera sur votre opinion en ce point.

J'étois comme vous Monsieur, plûtot partisan de la Théorie de Mr. l'Ablé NOLLET que de celle de Mr. FRANCKLIN. Lorsque je réflechissois sur les principes de la Théorie de ce dernier, je me proposois en moi même de renverser son systéme, et voici comme je raisonnai. Je prendrai une Bouteille de Leyde Fig. XII. j'attacherai en C un fil de lin C D a un fil de fer A B, qui entre dans le col de la bouteille. Depuis l'anneau A j'étendrai un fil de fer A K suspendu par un cordon de soie, et j'électriserai ensuite avec un tube de verre le fil de fer A K. Ainsi la bouteille sera chargée, et le fil de fer A B devenant électrique, repoussera le fil de chanvre C D. Quand il se sera élevé d'environ 2 pouces, je cesserai de me servir du tube de verre, en place du quel je prendrai un bâton de cire d'Espagne, et m'en servirai pour continuer à électriser le fil de

fer

fer A K.   Certainement la bouteille fe chargera
de plus en plus; le fil de fer A B deviendra de
même de plus en plus électrique, et le fil C D
continuera à s'éléver de plus en plus. C'eft ce qui
prouvera la fauffeté du fentiment de Mr. FRANCK-
LIN, qui prétend, que l'électricité d'un bâton de
cire d'Efpagne eft oppofée à celle d'un tube de
verre.   Suivant fes principes, la cire d'Efpagne
devroit diminuer l'électricité de la bouteille; et
affurément cela n'arrivera pas, me difois-je, à moi
même.

Je fis fur le champ cette expérience avec
Mr. WILCKE; mais que croyés vous quel en fût
le fuccès? Mr. FRANCKLIN fe trouva avoir raifon, et je m'étois trompé dans mon attente. Du
moment que je commençai à me fervir du bâton
de cire d'Efpagne, le fil de chanvre s'abbatit, entiérement, et après il recommença à monter.

Vous penfés bien que l'événement dût me fur-
prendre; mais y ayant refléchi mûrement, je me
trouvai fubitement convaincû de la Théorie de
Mr. FRANCKLIN. La prémière fois que je fis
cette expérience, j'y procédai d'une façon un peu
différente, fans cependant toucher à l'effentiel,
et je n'ai eu d'autre raifon de faire quelque changement dans la défcription que j'en ai donnée, que
pour vous donner plus de facilité à la répéter vous
même, fi l'envie vous en prenoit.

Je doute fort, que cette expérience vous faffe
changer auffi foudainement d'opinion, que moi. Je

crois avoir prévû votre réponse. Vous ne manquerés pas de dire, que ce Phénomène peut s'expliquer facilement par les différents dégrés d'électricité, qui se trouvent dans un tube de verre et un bâton de cire d'Espagne, et qu'ainsi il n'est pas nécessaire d'avoir recours à la Théorie de Mr. FRANCKLIN. Selon vous la bouteille électrisée par le moyen d'un tube de verre, aura le même dégré d'électricité que le tube, à l'aide du quel elle l'a reçue. Le bâton de cire d'Espagne a moins d'Electricité que le tube et la bouteille, ainsi on doit le considerer comme non électrisé en comparaison de la bouteille. Qu'y a-t-il donc de merveilleux, ajouterés-vous, que le bâton de cire affoiblisse l'électricité de la bouteille, et que le fil C D s'abbaisse.

Je vous prie, Monsieur, de bien penser, si c'est là la réponse, que vous me feriés: je pourrois la réfuter en trois mots. Suivant vous, le bâton de cire d'Espagne a une électricité beaucoup moindre que le tube de verre; Soit; renversés l'expérience dont je viens de parler. Electrisés d'abord la bouteille avec le bâton de cire d'Espagne, et servés vous ensuite du tube de verre. Le succès sera le même qu'auparavant. Comment vous en tirerés-vous en ce cas? Est-ce que suivant votre Théorie le tube de verre qui possede un plus haut dégré d'électricité que la bouteille, la peut enlever à un corps qui en a moins? Ne doit-il pas au contraire la fortifier?

Encore

Encore un môt. Je veux bien vous accorder
pour un moment, que le bâton de cire d'Efpagne
ait une électricité moindre que le tube de verre; et
fuppofons, que fi celui-ci en a 6 dégrés, l'autre
n'en aura que deux ou trois. Je ne disconviens pas
que le bâton de cire n'enleve à la bouteille une
pa·tie de fon électricité, mais n'eft-il pas vrai
que les corps qui ont le même dégié d'électricité
ne s'enleyent rien l'un à l'autre. Si donc la bouteille eft réduite au point de ne conferver que
deux dégrés, qui font ceux du bâton de cire d'Efpagne, le bâton ne lui enlévera plus rien. Suivant votre Théorie le fil s'abaiffera donc un peu,
mais ne s'abbatera pas entiérement, et reftera à un
certain dégré de hauteur. Faites-en l'expérience,
Monfieur, je vous prie, et vous verrés, qu'elle
combattra la Théorie, que je préfume que vous
avés adoptée.

Je ne m'arrêterai pas plus long tems à ce
propos. Venons au fait. Je m'en rapporte en général au fecond Mémoire qui fe trouvera dans ce
recueil, dans lequel je décris circonftanciellement
le procédé que j'ai fuivi, en faifant mes expériences fur la *Tourmaline*, et le fuccès qu'elles ont eu.
Faites-moi la grace, Monfieur, de le lire avec attention, et de faire les expériences de la même manière, que je les ai faites. Je compte qu'après
cela vous ne révoquerés plus en doute la certitude
de mes découvertes. Néanmoins j'en toûcherai
quelques circonftances particuliéres.

I 5

Vous

Vous dites page 91 de votre lettre, que vous ne trouvés point bonne ma façon d'électrifer la *Tourmaline* par le moyen de l'eau bouillante; Mais la raifon en eft, que vous l'effuiés en la tirant de l'eau. Quant à moi je n'ai garde de le faire. Je prends la *Tourmaline* par les côtés avec des pincettes, de la manière que je l'ai détaillé dans mon Mémoire. J'en fecoue les goutes d'eau les plus groffes qui y font attachées, le refte de l'humidité s'évaporant dans un moment. Faites-en de même, vous verrés que ce n'eft pas fans raifon, que j'ai vanté cette manière d'électrifér la *Tourmaline*.

Page 92 de votre lettre vous croyés avoir découvert une petite différence entre mes expreffions, et celles de Mr. WILKE. Ce qui fait que vous ne me comprénés pas ici, eft fans doute, que la traduction des Obfervations périodiques n'eft pas jufte. *Praefente gradu caloris neceffario, ftatim electricus eft lapis, quacunque tandem ratione ipfi hic caloris gradus inductus fit, five immergendo ipfum aquae, aut oleo, aut cuicunque liquori calido, five imponendo ipfum laminae metallicae, aut vitreae calefactae, immo idem fit, calefaciendo gemmam ope radiorum folarium vitro convexo collectorum, aut frictione fortiori fuper panno laneo inftituta. Perftat haec electricitas in lapide etiam frigefacto interdum ultra fpatium 6 horarum.* Ce font là les termes dont je me fuis fervi dans le Mémoire que j'ai envoyé à Paris. Comparés-les avec ce qu'à dit Mr. WILKE, et vous verrés que je fuis parfaitement d'accord avec lui, ou pour mieux dire avec moi-même.

Vous

Vous ne croyés pas que la *Tourmaline* conferve réellement fon électricité pendant l'efpace de fix heures. Eprouvés-le, s'il vous plait, Monfeur. Mettés la *Tourmaline* fur un pié de verre, tel que je l'ai decrit dans mon Mémoire; ne la touchés ni avec les doigts, ni avec d'autres corps non électriques, et faites votre expérience dans un air fec. Lorsque je prends toutes ces précautions, ma *Tourmaline* ne perd pas fon électricité dans une demie minute comme vous le dites de la votre; je puis même affurer, qu'une demie heure après être tirée de l'eau et même une heure entière, fi l'expérience s'eft faite dans un lieu fec, l'électricité n'eft que très peu affoiblie. Vous vous convaincrés en même tems, que la *Tourmaline* ne ceffe pas d'être électrique, même après qu'elle eft refroidie. Il eft certain qu'une fi petite pierre doit perdre toute fa chaleur en moins d'un quart d'heure, et acquerir la température de l'air qui l'environne, malgré cela fon électricité, après ce tems-là, eft presque auffi vive que dans le moment, qu'elle fort de l'eau bouillante, quand même elle feroit refroidie au dégré de l'eau congélée.

Dans mon Mémoire, qui eft tombée entre les mains de Mr. Toussaint, j'ai avancé, que le moindre dégré de chaleur qui pouvoit produire une électricité fenfible dans la *Tourmaline* étoit de 110 dégrés au Thermomètre de Fahrenheit. Je favois bien que cette détermination ne pouvoit être abfolument exacte. En effet, j'ai communiqué

depuis

depuis ce tems-là l'électricité à la *Tourmaline* par un moindre dégré de chaleur, et si je voulois déterminer aujourd'hui le moindre dégré de chaleur néceffaire, pour lui donner une électricité fenfible, je dirois que c'eft un dégré un peu au deffus de la chaleur du fang d'un homme en fanté, favoir 97. ou 98. du Thermomètre de *Fahrenheit*, ainfi je ne m'éloigne pas fort de celui que vous avés trouvé. Cependant vous remarqués avec vérité, que le dégré change, *fuivant la température ou l'humidité et la fécbereffe de l'air, et des corps attirés*; c'eft ce que j'ai expérimenté avec vous.

Vous doutés page 105 de votre lettre, que la *Tourmaline* échauffée donne des étincelles électriques lorsqu'elle eft touchée par un corps non électrique, et vous ajoutés à la 125. page: *Elle ne donne aucune lumière, aucune étincelle étant électrifée.* Pardonnés-moi Monfieur, elle donne des étincelles; je l'ai vû fouvent ainfi que bien d'autres. Faites-en vous même l'expérience de la façon que je l'ai indiquée dans la VI Expérience de mon Mémoire. Si l'expérience ne réuffit pas, je ne puis me figurer d'autre caufe, fi non que votre pierre eft trop petite, comme vous le conjecturés vous même. Il feroit inutile que je vous previnfe, que lorsque l'on veut faire cette expérience, il faut s'être tenu quelque tems auparavant dans un lieu obfcur, a fin que les yeux puiffent mieux appercevoir une lumière auffi foible. Je crains pourtant que votre *Tourmaline* ne foit trop petite pour faire cet effet. J'en crains la même chofe pour

quelques

quelques autres expériences que vous pouriés faire. Vous favés que j'ai deux de ces pierres. La plus groffe pèfe 21. grains, et par conféquant elle eft du double auffi grande, que la plus grande des vo-tres. La petite en pèfe 7, ainfi elle eft encore un peu plus grande, que votre plus petite. J'ai fait à la vérité avec cette dernière les mêmes ex-périences qu'avec la grande, et je les ai toûjours trouvé conformes. Cependant il eft certain que les expériences font plus fenfibles dans la grande, que dans la petite. Je compte pourtant qu'un Obfervateur auffi exact que vous , Monfieur, fera en état de faire toutes les expériences fui-vant mon procedé, fût-ce même avec une plus petite pierre.

Page 112 de votre lettre vous touchés enfin les découvertes les plus furprénantes, que j'ai fai-tes fur la *Tourmaline*. Vous foutenés, *qu'il y a cer-tainement une erreur d'Obfervation dans ces trois der-niers faits qui tiennent du paradoxe.* Affurément Monfieur, il n'y a point d'erreur dans l'obfervation, quelques paradoxes que vous paroiffent mes dé-couvertes. Ces expériences ont été repétées fort fouvent, et elles ont été conformes toutes les fois. Faites-moi la grace de faire les expériences com-me elles font décrites dans mon fecond Mémoire. Vous ne manquerés pas certainement de les faire avec la dernière attention; et fi alors elles ne font pas conformes aux miennes, vos *Tourmalines* font certainement d'une nature différente de la mienne. Mais je fais, à ne pouvoir en douter,

qu'elles

qu'elles ne diffèrent pas de la mienne, puisque votre 14. et 15. expérience vous ont réuſſi de même
qu'à moi.

Vous croyés que tout ce que j'ai remarqué,
de ſurprenant dans ces expériences, ne vient que
de ce que la ſurface la plus large de la pierre reçoit et perd la chaleur beaucoup plus vite, que la
moindre ſurface. Mais ce ne peut en être la véritable cauſe. Une pierre qui ne pèſe que peu
de grains, ne doit-elle pas acquérir dans l'eſpace
d'une heure la même température que les corps
qui l'environnent. Je crois Monſieur, que vous
ne me conteſterés pas cette aſſertion.

Si tous ces phénomènes dépendoient, comme
vous le croyés, de la différente figure des deux
ſurfaces de la pierre, et de la différence de la
promptitude avec la quelle elles s'échauffent et ſe
refroidiſſent; comment ſe fait-il que les deux ſurfaces ſemblables de mes deux pierres produiſent
des phénomènes différents, et qu'au contraire les
ſurfaces diſſemblables en produiſent de ſemblables?
Si votre opinion étoit vraie, n'en réſulteroit-il pas
préciſement le contraire? Examinés de grace,
avec quelque attention ma dixième et onzième Expérience. Je me ſervirai d'abord de ma grande
Tourmaline. Je la placerai de façon que la ſurface
platte A touche la plaque. Le côté oppoſé taillé
à facettes devient négativement électrique, et le
reſte un tems conſiderable. Je préſume que vous
allés dire, que cela ne provient que de la différence de la chaleur des deux ſurfaces. Il eſt inconteſtable

'testable que la surface d'en bas A, a un plus grand
degré de chaleur, que celle d'en haut B, et vous
concluerés que par cette raison le côté A est plus
électrique que le côté B, et que le dernier par
conséquent est négativement électrique, au moins
en comparaison du côté A. Soit Monsieur! mais
faisons la même expérience avec ma plus petite pierre, dont la figure est parfaitement semblable à la grande. Je mets sa surface platte *a*
sur la plaque chaude. Je dirai comme vous, que
le côté *a* est plus chaud que le côté *b* qui lui
est opposé. Suivant votre avis le côté *b* sera
donc moins électrique que le côté *a*, et aura
une électricité négative à l'égard d*a*; cependant
l'expérience démontre, Monsieur, que le côté *b*
est positivement électrique, et le côté *a* l'est négativement.

Vous parlés page 114 de quelques autres de
mes expériences, et vous convenés qu'elles vous
ont réussi de même qu'à moi. Malgrè cela vous
vous éloignés de moi dans la façon de les expliquer, vous avés recours de nouveau à la différence
des dégrés de chaleur des deux surfaces. Si vous
vouliés me faire l'honneur de répéter mes expériences, je crois que vous changeriés de senti-
ment, ayant vû que le mouvement du pendule
dure pendant une demie heure et même une heure entière? Ne conviendrés vous pas avec moi,
que la pierre pendant ce tems la revient au même
dégré de temperature, que l'air qui l'environne,
et que par conséquent la chaleur inégale des deux

surfaces

furfaces ne peut être la raiſon de ce phénomène, comme vous l'avés crû.

Il ne me reſte, Monſieur, pour ma défenſe, que de vous prier de vouloir vous rendre à mes très humbles inſtances, et de faire les expériences de la façon que j'ai indiqué.

Je ſuis avec une très parfaite conſidération,

Monſieur

Votre très-humble et très-obéiſſant
Serviteur

A E P I N V S.

VI.

* * * * * * * * * * * *

VI.
EXPERIENCES
faites
SUR LA
TOURMALINE
par
Mr. BENJAMIN WILSON,
Membre de la Société Royale,
dans une Lettre
à
Mr. GUILLAUME HEBERDEN,
Dr. et Membre de la Soc. Royale.
lue le 6. Decembre 1759.

Monſieur.

J'ai le plaiſir de Vous communiquer certaines expériences, que j'ai faites ſur la *Tourmaline* ou *Pierre de cendre*, que Vous m'avez procuiée, et quelques autres, rélatives à l'Electricité vitrée et réſineuſe, avec quelques obſervations, que j'ai faites à ce ſujet.

Plus j'acquiers de connoiſſance de l'Electricité, plus j'admire la merveilleuſe ſimplicité, qui ſe manifeſte dans la Nature, principalement dans ce genre, où l'on trouve nombre de phénomènes

K

très

très singuliers. Entre ceux qui m'ont derniére-
ment passés sous l'examen, il y en a de si délicats,
que je n'ose les rapporter, de crainte d'encourir
la censure des observateurs inéxacts.

Je ne puis entrer en matière, sans éclaircir
auparavant un differend, qui subsiste jusqu'à ce
jour entre les Physiciens, touchant les deux espèces d'Electricité, parceque plusieurs conséquences
qui dérivent de diverses expériences que j'ai à produire, y ont beaucoup de rapport.

Le verre poli, étant frotté d'une manière
convenable, est supposé *donner* l'électricité aux
corps, et les corps, qui l'ont reçue du verre, se
disent être électrifiés en *plus* ou *positivement*. Au
contraire, on a supposé que la cire d'Espagne, l'ambre, etc. étant frottées de la même manière, *reçoivent* l'électricité des corps, et les corps d'où
elles la tirent, se disent électrifiés *minus* ou *négativement*. Mais on n'a encore fait aucune expérience, que je sache, par laquelle on pourroit déterminer, laquelle de ces deux façons d'électrifer,
électrifie réellement *plus*, ou *minus*, quoiqu'il arrive cependant, que par un heureux hazard les
suppositions qu'on avoit faites, se trouvent en
tout vérifiées. Dans mon second Traité sur l'électricité, mis au jour en 1748, j'ai produit plusieurs expériences, pour démontrer, que tous les
corps sont environnés d'un *medium fort élastique,
qui ne s'étend, qu'à une très petite distance des corps,*
quand il n'est pas agité par la chaleur, ou quelque autre cause. Depuis ce tems, d'autres expé-

riences,

riences de la même nature ont été publiées dans
un ouvrage, que mon défunt et digne ami, le Dr.
Hoadly a composé avec moi. Parmi les preuves, qu'on y a données, il s'en trouve une fort cu-
rieuse, que j'ai observée dans le vuide de *Torricelli*,
ou ce phénomène étoit fort remarquable. Ce
qu'il y a de plus fingulier, c'eft que le même phénomène prouve, non feulement l'éxistence d'un
tel *medium*, qui fe trouve à la furface des corps,
mais qu'il détermine en même tems laquelle des
deux électricités, eft véritablement *pofitive*, et laquelle eft *négative.*

Vous Vous fouvenez, que *Mylord* Charles Cavendish à obfervé le prémier le courant
continu de lumière, à travers le vuide d'un tube,
dont on a pompé l'air. C'eft une très belle expérience, et qui donne plus de lumières, que je
ne m'étois d'abord imaginé. C'eft pourquoi je
Vous prie de permettre, que j'en tranfcrive la
défcription, comme elle fe trouve dans les Transactions philofophiques, (*) avant que de Vous
donner d'autres détails à ce fujet.

„ Cet apparatus confiftoit en un tube de
„ verre cylindrique d'environ $\frac{1}{10}$ pouces de diame-
„ tre, et de 7 pieds et demi de longueur, courbé
„ en quelque façon comme une parabole, de forte,
„ que 30 pouces de chacune de fes extrémités
„ étoient prefque droits, et parallèles l'un à l'au-
„ tre, qui étoient joints par un arc, pareillement

K 2

„ de

____

(*) Vol. XLVII.

„de 30 pouces. Ce tube étoit foigneufement
„rempli de mercure, et chacune de fes extrémi-
„tés étant enfoncée dans un baffin, rempli de
„mercure, il s'en écoula autant de mercure,
„jusqu'à ce que (comme dans le Baromètre or-
„dinaire) il fe trouva en équilibre avec l'atmo-
„fphère. Chacun des baffins, dans lequel étoit
„le mercure, étoit de bois, et s'appuyoit fur un
„verre cylindrique d'environ 4 pouces de diamè-
„tre, et 6 pouces de longueur. Ces verres
„étoient attachés au bas d'un cadre de bois formé
„de manière, qu'au haut du cadre, le tube rempli
„de mercure, ci-deffus mentionné, étoit fufpen-
„du avec des cordons de foye, de façon que
„tout l'apparatus pouvoit être tranfporté enfem-
„ble. Le vuide de *Torricelli* tenoit alors l'efpace
„de 30 pouces. En faifant l'expérience dans une
„chambre obfcure, un fil d'archal du prémier
„conducteur d'une machine électrique ordinaire,
„communiquoit avec un des baffins de mercure,
„et alors un corps non électrique touchant l'autre
„baffin, tandis que la machine étoit en mouve-
„ment, l'électricité traverfoit le vuide, dans un
„arc continu d'une lumiére legère et errante, auffi
„loin, que la vue pouvoit la fuivre fans la moin-
„dre divergence. „

J'imagine que le Dr. WATSON, qui a donné
la défcription de cette expérience, n'a point fait
attention à une apparence particulière de la lumière, fur une des furfaces du vif argent, attendu
qu'il n'en fait pas mention. Quoiqu' il en foit,

j'ai

j'ai eu envie de faire l'expérience moi-même, et d'essayer, si je ne pourrois point me procurer plus de deux surfaces visibles de mercure, afin de pouvoir multiplier ce phénomène remarquable.

A cet effet, je fis entrer une petite quantité d'air dans le tube, au moyen de quoi j'eus quatre colomnes de vif argent, tant grandes que petites, et 6 surfaces visibles, trois des quels je nommerai surfaces *supérieures*, et trois *inférieures*. La figure de la planche V. vous donnera une meilleure idée de l'instrument, que ne le pourroit faire la déscription.

Quand la colomne de mercure à la gauche fût électrisée, et que l'autre à la droite communiquoit avec la terre, le torrent de lumière étoit visible dans une chambre obscure, et le vuide entier étoit rempli d'une lumière, d'une densité qui paroissoit uniforme, excepté aux surfaces supérieures, ou la lumière à la distance d'un dixième de pouce en comptant de chaque surface, étoit beaucoup plus vive, de sorte qu'un spectateur qui n'avoit aucune connoissance de ces sortes d'expériences, souhaita de savoir la cause des 3 *noeuds* lumineux, qui paroissoient à la sommité du mercure. Je fais mention de cette circonstance, parceque ces noeuds étoient fort remarquables, au lieu, que les trois surfaces inférieures ne donnoient point ces apparences, la lumière y étant même moins vive, qu'elle n'étoit généralement dans le vuide.

Un courant électrique, partant du verre de la machine électrique, et passant le long du tube, au travers du vif argent et le vuide, à la terre, doit

K 3

avoir

avoir caufé ces noeuds brillants, à caufe de la ré
fiftance, que le fluide électrique rencontra aux
faces fupérieures du mercure, en tachant d'y en
trer ; car l'apparence étoit la même fur toutes les
3 furfaces fupérieures, et rien de femblable ne fe
montroit aux furfaces inférieures. Le verre éle
&Ctrife donc en conféquence *plus* (pofitivement,
ou en d'autres termes, donne aux corps plus de
matière électrique qu'ils n'en ont naturellement.

Je dois a préfent Vous rapporter auffi les
phénomènes que donne l'électricité en *minus*. (l'é
lectricité négative.)

Au lieu du cylindre de verre, j'employois
un cylindre réfineux pour électrifer, en confer
vant la communication, et toutes les autres cir
conftances, telles que dans la prémiere expérien
ce. Les apparences étoient alors en général les
mêmes qu' auparavant, mais les noeuds de lu
mière fe trouvoient alors aux furfaces inférieures,
et non aux fupérieures.

Je conclus, de ce que les noeuds fe trou
voient aux faces inférieures et non aux fupérieu
res, que le courant du fluide électrique alloit en
direction oppofée à celui qui eft produit par le
verre. Car dans ce cas, il paroiffoit venir de la
terre, et paffer par le tube au cylindre réfineux.

Ces noeuds lumineux (quand bien même il
n'y auroit point d'autres preuves) confirment for
tement l'éxiftence d'un *medium* fur la face des
corps, lequel à un certain dégré réfifte ou empe
che l'entrée et la fortie du fluide électrique. Mais
nous

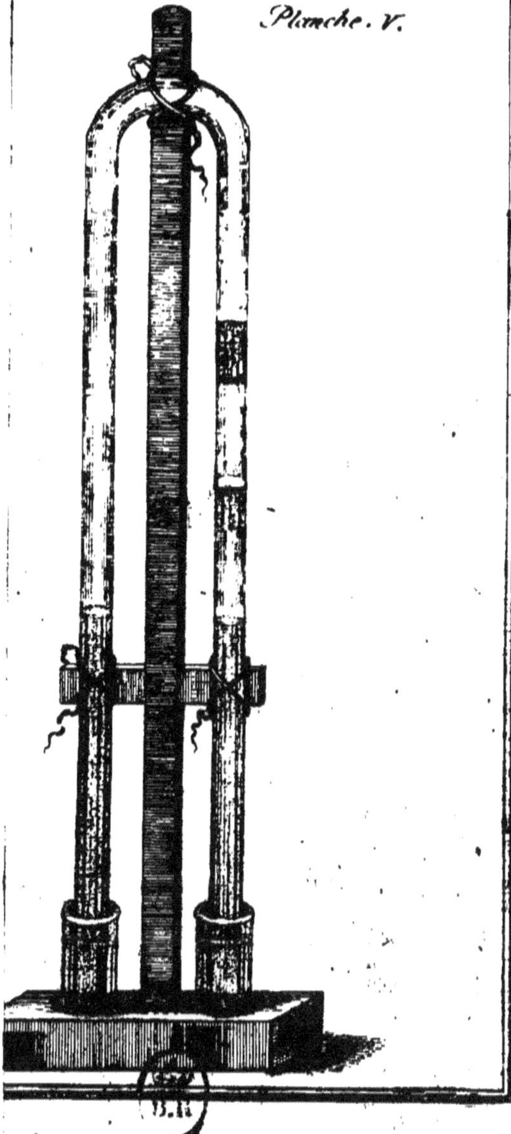
Lettre de Mr: Wilson. pag. 149.
Planche. V.

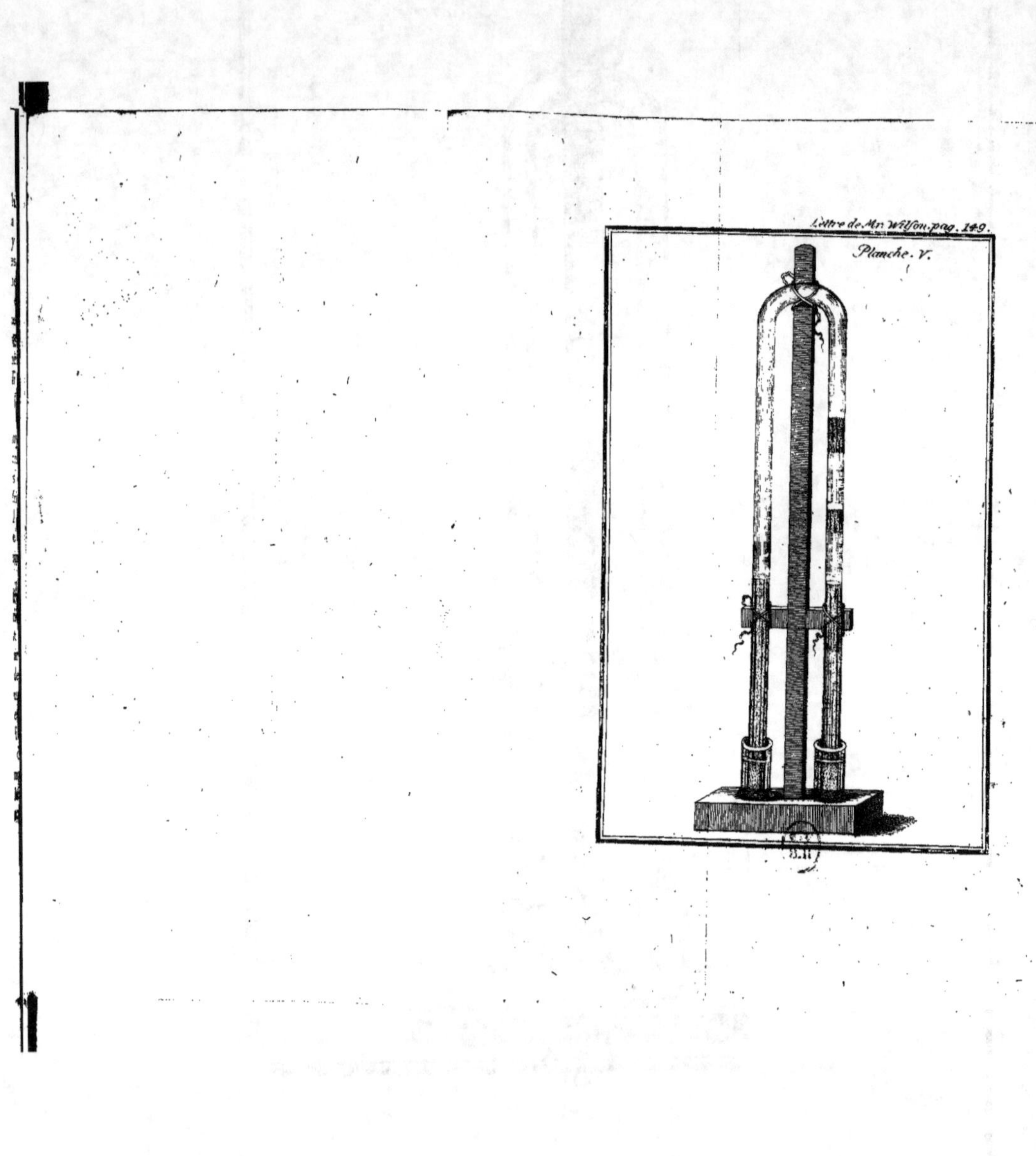

Lettre de Mr. Wilson. pag. 149.
Planche. V.

nous avons encore d'autres expériences, qui prouvent la même chofe, et la *Tourmaline* elle même, ne
nous eft pas d'un petit fecours, pour le démontrer.

Il y a encore une chofe que je ne dois point
paffer fous filence. C'eft *l'impermtabliité* du verre
par l'électricité. Notre ami le Dr. FRANCKLIN
y femble fonder en grande partie fon fyftéme.

„ Le verre, dit-il, a dans fa fubftance toû-
„ jours la même quantité de fluide électrique, et
„ en contient une grande quantité, à proportion
„ de fa maffe. Cette quantité proportionnée y
„ eft fortement et ténacement retenue, et le verre
„ n'en a jamais ni plus ni moins, quoiqu' on puiffe
„ faire un changement, par rapport à fes parties,
„ et leur fituation, c'eft à dire, que nous en pou-
„ vons ôter une partie d'un de fes côtés, pourvû-
„ que nous en faffions entrer une égale quantité
„ dans l'autre. „

Je n'ai jamais pû admettre cette doctrine,
entant qu'elle regarde *l'impermtabilité* du verre,
comme il paroit par ma lettre à Mr. l'Abbé
NOLLET et Mr. LE ROY, lorsqu'ils fouhaiterent
d'en favoir mon fentiment, en l'an 1756, dont le
prémier, comme il eft affez connu, n'a jamais
voulu tomber d'accord avec Mr. FRANCKLIN.
Quant à moi, je fuis encore moins porté à changer de fentiment à ce fujet, depuis que je connois
les propriétés de la *Tourmaline*, qui m'a fournie, je
crois, des arguments fuffifants pour foutenir, que
le Dr. FRANCKLIN s'eft mépris. Je me fuis
étonné, que Mr. AEPINUS n'ait point fait atten-

K 4

tion

tion à quelques-unes des expériences, ou le verre
eſt électriſé ou *plus* ou *minus*, parceque la *Tourmaline* conduit à de pareilles expériences.   Je ne
puis l'attribuer à autre choſe, ſi non à l'opinion favorable, que cet auteur étoit porté d'avoir pour
l'hypothèſe de Mr. FRANCKLIN.

Pour prouver que le verre eſt perméable
par l'électricité, je pris un panneau de verre fort
large (je le pris large, à fin de prévenir toute
objection contre mon expérience) et le chauffai
un peu, pour lui ôter toute humidité.   Je le tins
droit par un des coins, tandis que l'autre coin
s'appuyoit ſur un ſupport de cire d'Eſpagne, et
alors je frottai le milieu de ſa ſurface avec le doigt,
et trouvai, que les deux côtés étoient devenus
poſitivement électriques.   En répétant la même
expérience pluſieurs fois, avec différentes ſortes
de verre, et avec différents dégrés de frottement,
je trouvai toûjours le même effet.   Or les deux
côtés du panneau ne peuvent pas dans ces circonſtances devenir en même tems poſitivement
électriques, à moins que quelques parties du fluide
électrique n'euſſent réellement paſſé au travers du
verre, parceque l'électricité ne pouvoit parvenir
à l'autre côté par une ſi grande ſurface, ce qui
auſſi n'étoit effectivement pas arrivé, car les bords
du panneau n'étoient point du tout devenus électriques.   Pour ce qui regarde les méthodes de
rendre le verre négativement électrique, je trouve,
qu'on le peut effectuer par 3 différents moyens.
Mais je paſſerai ſous ſilence tant ces expériences

que

que quelques autres rélatives à l'imperméabilité
du verre, jusqu'à ce que je Vous aye fait mieux
connoître la *Tourmaline.*

La prémière mention, que j'ai trouvée, que
l'on ait faite de la *Tourmaline* et de ses propriétés
admirables, à été dans un Mémoire des écrits de
l'Académie de Berlin, imprimé en 1758, ou l'on
voit, que Mr. F. V. T. AEPINVS, Professeur
en Physique avoit fait plusieurs expériences fort
curieuses et fort judicieuses sur cette pierre, dont
le plus essentiel consiste en ce, qu'elles prouvent
une électricité positive dans un des côtés de la
Tourmaline, en même tems que l'autre côté est
négativement électrique, pourvû que la *Tourmaline* soit échauffée modérément, fût-ce même par
l'eau bouillante.   Ces phénomènes sont d'autant
plus extraordinaires, en ce que les mêmes moyens, employés de la même manière sur le diamant, le verre, et tous les autres corps électriques, sur lesquels on a jusqu' ici fait l'essay, ne
produisent point de semblables phénomènes.

Mr. LE DUC DE NOYA, qui vint dans ce
Royaume l'an 1758, écrivit un petit traité sur ce
sujet, qu'il publia à Paris du tems de son rétour en
Italie.   Il fait mention dans cet ouvrage des expériences de Mr. AEPINUS, mais il n'admet point
une électricité *positive* et *négative* dans la *Tourmaline,*
quand elle a été échauffée. Au contraire il soutient,
que les deux côtés sont électrisés positivement, mais
que l'un l'est plus que l'autre, et que la différence
de ces dégrés avoit trompé Mr. AEPINUS.

K 5

Jo

Je me rappelle d'avoir répété la plûpart des
expériences mentionnées dans le Mémoire de
Berlin, peu après qu'il parut en Angleterre, avec
la *Tourmaline*, qui appartient à notre ami le Dr.
SHARP, que Vous Vous reſſouvintes heureuſement d'avoir vû chez lui à Cambridge, il y a
pluſieurs années. C'étoit la ſeule pierre de cette
eſpèce, qui fût connue alors, et quoiqu'elle fût
petite en comparaiſon de celle de Mr. AEPINUS,
cependant elle étoit aſſez grande, pour me prouver, que ce qu'il avoit avancé, étoit bien fondé.
Outre cela, les eſſais, que Vous aviez déja faits
auparavant avec la même pierre, étoient auſſi une
preuve de cette vérité. En dernier lieu les expériences ſuivantes, que j'ai faites pour me procurer plus de *data*, pour parvenir à une explication
ſimple de ces curieux phénomènes, prouveront
inconteſtablement, qu'un côté de la pierre eſt ef-
feɛtivement électrifié poſitivement, et l'autre négativement; et ſi LE DUC DE NOYA eut fait d'autres expériences, et ſuivi la méthode, dont je me
ſuis ſervi, je ne doute point, qu'il n'eut été du
même ſentiment.

La plus grande *Tourmaline*, que j'aye euë de
Vous, et avec laquelle j'ai fait les expériences ſuivantes, pèſe au delà de 120 grains. Elle eſt
d'une figure ovale et polie. Son plus grand diametre eſt d'un pouce et un quart, et le moindre
d'un pouce. Un côté eſt plan, et l'autre convexe,
mais taillé en pluſieurs petites facettes, comme
une Roſette. Sa plus grande épaiſſeur eſt d'environ

ron ⅓ pouce. Sa figure ne me paroit pas être la plus propre pour les expériences, mais je ne voulus pas lui en donner une autre, de crainte que la pierre ne fe caffat, car il s'y trouve quelque crevaffes, et je crains, que l'on ne puiffe facilement en trouver une autre de la même grandeur.

Les expériences avec la *Tourmaline* éxigent la plus grande attention, les phénomènes étant quelque fois à peine fenfibles, de forte qu'il m'a falu employer un *apparatus* fort délicat, et même faire ufage d'une forte de paravent, pour empecher que mon haleine, ou le moindre autre mouvement de l'air, ne dérangeat les expériences.

Mon *apparatus*, pour faire plufieurs de ces expériences, confiftoit en deux fort petites boules, faites de moëlle de fureau, fufpendues par 2 fils de lin des plus fins. J'attachai les bouts de ces fils à un morceau de bois, d'environ 3 pouces de long, et d'un demi pouce de large. Puis j'attachai ce morceau de bois d'un bout, à un bâton de cire d'Efpagne de 9. pouces de longueur, affermi tout droit fur une table, de façon, que les balles de fureau attachées à des fils de 5 pouces de longueur, étoient éloignées de la table d'environ 3 pouces. Je fuppofe toûjours (excepté quand je parle du contraire) ces boules électrifiées pofitiviment, mais feulement à un tel dégré, qu'elles s'éloignent l'une de l'autre d'environ 1 pouce de diftance.

Je préfère un fupport de cire d'Efpagne à un de verre, parceque le dernier devenant froid,

con-

contracte bien vite de l'humidité, et par confequent devient un conducteur de l'électricité, au
lieu que la cire, étant une fois dans un bon ordre,
continue pendant un tems confidérable d'être un
non conducteur.

Avant que d'expliquer mes expériences, je
dois faire mention de 3 vérités affez généralement connues, que j'appellerai ici

LOIX GENERALES.

Deux corps pofitivement électriques, dans un égal
dégré, s'éloignent l'un de l'autre, ou font repouffés.

Deux corps électrifiés négativement, s'éloignent de même l'un de l'autre, ou font repouffés.

Deux corps, dont l'un eft pofitivement, et
l'autre négativement électrique, dans un dégré
égal, s'approchent mutuellement, ou comme
on l'exprime ordinairement, s'attirent l'un l'autre.

EXPERIENCES SUR LA TOURMALINE.

EXP. I. Un bord de la *Tourmaline* étant d'une
manière convénable fiché dans un long bâton de
cire d'efpagne, je trempai la pierre dans de l'eau
bouillante, et l'y laiffai presque une minute. La
retirant enfuite, et préfentant le côté convexe aux
balles de fureau, elles s'éloignerent auffitôt de la
pierre, quoique foiblement. En tournant au
contraire le côté plan vers les balles, elles s'en approcherent, et même d'une plus grande diftance,
qu'elles n'avoient été repouffées auparavant. Quand
la pierre fut ûn peu refroidie, ces apparences devinrent plus fortes, mais enfin à méfure que le re-
froidiffement augmentoit, elles diminuoient de plus
en plus.   EXP. 2.

E x p. 2. Je répétai cette dernière expérience, avec la différence feulement, que les balles étoient rendues négativement électriques, (*) au lieu de pofitivement électriques, et dans ce cas (comme on devoit s'y attendre) les effets furent renverfés, les balles s'approchant du côté convexe, et s'éloignant du côté plan.

Les phénomènes de ces deux expériences étant conformes entre eux, prouvent fuffifamment, que, quand la pierre a été échauffée par l'eau, un côté devient pofitivement, et l'autre négativement électrique, ce qui eft la prémiére loi, établie par 'Mr. AEPINUS. Cet état n'a point été improprement appellé fon *état naturel*, parceque la chaleur, qui difpofe la *Tourmaline* à produire ces phénomènes, eft uniforme dans tous les points de fes furfaces, et l'eau elle même eft un conducteur uniforme.

E x p. 3. Je préfentois le côté convexe de la pierre, à la flamme d'une chandelle, mais pas fi près qu'elle la pût toucher, pendant l'efpace d'environ une minute. La pierre acquit alors une électricité pofitive des deux côtés, car les balles s'éloignoient tant de l'un, que de l'autre côté, néanmoins avec plus de force du côté convexe, que du côté plan.

Ce

(*) J'en faifois de même dans chaque expérience, où j'avois occafion de me fervir des balles, pour être d'autant plus fûr de mes conclufions.

Ce phénomène démontre une augmentation de force dans la pierre, parcequ' elle agiſſoit pendant quelque tems, comme un corps poſitivement électrique. Quant à la différente force des deux côtés, nous la conſidererons ci-après plus particuliérement.

Ex p. 4. Un peu après, la *Tourmaline* s'étant plus refroidie, et le reſte de la chaleur s'étant répandu plus uniformement par elle, elle changea ſon état, en devenant poſitivement et négativement électrique en même tems, car le côté plan attiroit les balles, et le côté convexe les repouſſoit.

Ce changement ſemble tirer ſon origine de quelque altération, arrivée ſur ou proche des ſurfaces de la pierre, par la diſtribution uniforme de la chaleur. Car ſi cela n'étoit, je ne vois aucune raiſon, pourquoi la *Tourmaline* ne continueroit pas d'être poſitivement électrique des deux côtés, tandis qu'il y reſte quelque marque d'électricité.

Ex p. 5. J'approchai alors le côté plan de la *Tourmaline* de la flamme, comme j'avois fait auparavant avec le côté convexe, et les deux côtés, au lieu d'être devenus poſitivement électriques, l'étoient négativement, car chaque côté attiroit les balles.

J'avois raiſon de conclure de cette expérience, que la pierre avoit été rendue vuide de matière électrique, parcequ' elle agiſſoit pendant un tems conſidérable, comme un corps négativement électrique.

Exp. 6.

E x p. 6. Après le même efpace de tems, que dans l'Expér. 4. la *Tourmaline* étant devenuë plus froide, elle changea femblablement d'état. Car le côté convexe repouffoit les balles, et le côté plan les attiroit, comme auparavant.

Ce changement femble auffi être arrivé par quelque altération fur les faces de la *Tourmaline*, caufée par la diftribution plus uniforme de la chaleur dans la pierre. Si cela n'étoit, je ne vois pas pourquoi la *Tourmaline* ne reftoit pas négativement électrique des deux côtés, tant qu'il reftoit quelque marque d'électricité.

Je fus naturellement conduit à éxaminer après, à la quelle des deux furfaces de la *Tourmaline* le fluide électrique entre, (s'il y en entre) pendant qu'on l'échauffe.

E x p. 7. La flamme n'étant pas propre pour mon deffein, parceque le fluide électrique fe diffipe promptement à fon approche, je choifis une verge de fer, terminée par un bouton rond. Après l'avoir chauffée, je l'approchai des balles à une certaine diftance, pour voir, fi elles en feroient mues, mais n'appercevant pas le moindre mouvement, je mis la *Tourmaline* entre deux, le côté convexe tourné vers les balles. Elles s'approcherent un peu, mais quand je retirai le fer, elles retournerent à leur prémière fituation. J'approchai alors le fer plus près qu'auparavant de la *Tourmaline*, et les balles s'approcherent rapidement de la pierre, et ayant été un tems confidérable en contact avec elle, elles s'en éloignerent enfin.

En

En examinant les balles, je trouvai, qu'elles avoient perdu leur électricité pofitive, et qu'elles étoient devenuës négativement électriques. Pour la pierre elle même, je la trouvai auffi négativement électrique des deux côtés.

Je conclus de cette expérience, que le fluide électrique avoit coulé des balles à la *Tourmaline*, parceque non feulement elles perdirent leur électricité pofitive, mais étoient devenuës négativement électriques. Et, comme la *Tourmaline* étoit auffi négativement électrique des deux côtés, une partie du fluide électrique contenu en elle, a dû s'en écouler dans le fer. Nous allons voir tout à l'heure, que c'eft là effectivement ce qui arrive ici.

Ex p. 8. Lorsque je chauffai le côté convexe de la *Tourmaline*, de la même manière, que le côté plan, les balles ne furent point mues vers la *Tourmaline*, au contraire elles s'en éloignerent conftamment. Dans cette expérience, non feulement les balles étoient pofitivement électriques, mais auffi la pierre l'étoit des deux côtés.

Je conclus de cette expérience, que l'électricité pofitive de la pierre n'étoit pas tirée des balles, car elles ne perdoient rien de leur vertu, mais du fer même.

Il étoit alors néceffaire d'examiner le fer, mais je trouvai cette recherche fort difficile par plufieurs raifons, dont peut-être le détail feroit trop ennuyeux.

J'ima-

J'imaginai donc un autre expédient, qui me donnoit plus d'esperance d'avoir un meilleur succès. C'étoit d'employer un tuyeau de verre, d'environ 2 pieds de longueur, dont j'échauffai l'un des bouts jusqu'à devenir rouge, et de répéter les expériences encore une fois, en observant en même tems l'état du tuyeau après chaque expérience.

Exp. 9. Lorsque le côté plan de la *Tourmaline* étoit exposé au bout chauffé du tuyeau, comme il avoit été dans la 7. Exp. au bouton du fer, je remarquai, qu'environ 3 pouces de la partie échauffée du tuyeau, étoient électrisés négativement, et au delà de cette distance le tube étoit positivement électrique et continuoit de l'être, jusqu'à ce que le verre fût presque entiérement refroidi.

Cette électricité positive et négative, qui se trouvoit dans le tube de verre, doit avoir été causée par l'action du fluide partant des balles et de la *Tourmaline*, et se portant vers le tuyeau. Car j'ai trouvé, que le courant du fluide électrique, quand il agit contre la quantité naturelle de ce fluide, contenue dans le verre, produit le même effet. Car après avoir frotté un tube de verre, je l'appliquai à l'extremité chauffée d'un autre tube, et le succès étoit tout à fait le même, savoir, la partie échauffée étoit négativement, et le reste positivement électrique.

Ceci semble un pas qui nous conduit vers la vérité, que nous cherchons; car le courant du fluide électrique semble ici être bien tracé, la cha-

L

leur

leur ayant difpofé la *Tourmaline* à laiffer paffer le
fluide venant des balles, à travers fa fubftance,
vers le tube de verre.

EXP. 10. J'eus alors envie, d'effayer, quel
feroit le fuccès, quand la partie échauffée du tuyeau de verre feroit approchée du côté convexe de
la *Tourmaline*. En faifant l'expérience, je trouvai
que le tube étoit négativement électrique de plus
d'un pied en longueur, fans la moindre apparence d'une électricité pofitive dans la partie qui reftoit. Cette électricité négative dura, jufqu'à ce,
que le tube fût presque entiérement refroidi.

Comme donc ici tant la *Tourmaline*, que les
balles étoient pofitivement électriques, et le tube
chauffé l'étoit négativement, le fluide électrique a
dû couler du tuyeau, pour produire l'électricité
pofitive de la pierre et des balles.

Vous voyés donc, Monfieur, que j'ai découvert deux courants du fluide électrique, allants en
fens contraire, l'un rendant la *Tourmaline* des deux
côtés pofitivement, et l'autre négativement éle-
ftrique.

Ma prémiére attention fût enfuite, de mettre
la *Tourmaline* dans fon état naturel (comme Mr
AEPINUS l'appelle) afin d'entreprendre d'autres
expériences.

EXP. 11. Pour mieux atteindre ce but, je fé-
parai la *Tourmaline* de la cire d'efpagne, et la
mis dans de l'eau bouillante, pendant quelque
tems, ou elle étoit entourée de tous côtés d'un
conducteur d'un dégré uniforme de chaleur. Alors

er

en la retirant de l'eau, je mis le côté convexe,
(après qu'il fût fec) fur le morceau de bois, foutenu par la cire d'efpagne, ou les balles étoient
fufpendues. Mais il n'en arriva rien, car les balles
refterent en repos.

E x p. 12. Mais quand la pierre fût reftée fur
le bois un peu plus de tems, les balles fe fépare-
rent d'un efpace confidérable, et refterent ainfi
plus d'une minute.

En cet état elles étoient électrifiées pofitivement, comme il paroiffoit, par ce qu'elles étoient
attirées par l'ambre frottée. De ce que les balles
étoient pofitivement électriques, il s'enfuit que le
courant du fluide électrique, partant du côté pofitif de la *Tourmaline*, doit avoir rendu une partie du
bois négativement, et les balles pofitivement électriques, car la même chofe étoit arrivé dans l'Expér. 9. Outre cela, un verre électrifé, préfenté
de la même manière au bois, produit des effets
femblables.

E x p. 13. Si, pendant que la pierre étoit fur
le bois, j'approchai le doigt du côté plan de la
Tourmaline, les balles s'éloignoient plus loin l'une
de l'autre, et en répétant cette approche, les balles en étoient chaque fois affectées, et s'éloignoient
un peu plus l'une de l'autre, à moins que la *Tourmaline* ne fût trop refroidie, dans quel cas les balles
s'approchoient l'une de l'autre, étant néanmoins
toûjours pofitivement électriques.

Dans cette expérience le doigt ne faifoit autre chofe, que de fournir à la pierre le fluide

L 2

éle-

électrique plus promptement, que l'air n'auroit pû faire.

Exp. 14. En éloignant la pierre par dégré du bois, les balles s'approchoient de plus en plus, l'une de l'autre, mais lorsqu'elle fût tout à fait ôtée, elles s'éloignerent mutuellement derechef, et alors elles étoient négativement électriques.

Ceci eſt une confirmation ulterieure, que le fluide coulant de la pierre électrifoit le bois négativement, forçant une partie de la quantité naturelle, contenue dans le bois, à paſſer dans les balles, et à les rendre poſitivement électriques. Mais comme de même une partie du fluide étoit forcé de s'en aller en l'air, pendant que les balles étoient poſitivement électriques, quand la pierre étoit ôtée, les balles étoient négativement électriques, à proportion de la quantité du fluide, que la pierre avoit eu la force, de chaſſer des balles. J'ai autre fois montré (*) que dans cet état ou les balles font négativement électriques, elles doivent s'éloigner l'une de l'autre, comme elles font, quand elles font poſitivement électriques, par l'accumulation du fluide qui vient de l'air etc. pour retablir l'équilibre de tous côtés, et qui ſe trouve en quelque façon retardé en tachant d'entrer dans les balles, par le *medium*, qui ſe trouve à leurs ſurfaces. Il s'en fait donc une accumulation, qui forme des atmoſphères ſemblables à des poſitives, avec cette différence

---

(*) Voyez Exp. and Obſ. by *Hoadly* and *Wilſon*.

différence feulement, que les uns tachent de s'é-
loigner des corps, et les autres tendent vers eux.

Exp. 15. Après avoir encore chauffé la *Tourmaline* dans de l'eau bouillante, je pofai le côté
plan fur le bois. Alors les balles refterent en repos, comme dans l'Expér. 11. quand le côté convexe étoit appliqué au bois.

Exp. 16. Mais peu de tems après les balles
s'éloignerent l'une de l'autre d'environ un pouce,
et même plus, et refterent ainfi quelque tems.
Elles étoient alors négativement électriques, car
elles étoient repouffées par l'ambre.

Dans ces circonftances le fluide électrique
étoit fourni à la *Tourmaline* du bois et des balles,
comme il paroit par les expériences précédentes,
ou le verre échauffé fût employé. Les balles devoient donc être négativement, et une partie du
bois pofitivement électrique, à caufe de la réfiftance qu'il y avoit à furmonter à la furface, ou s'eft
dû faire une accumulation du fluide avant que d'arriver à la *Tourmaline*, comme cela paroit par l'expérience de Mylord CHARLES CAVENDISH.

Un verre négativement électrique, et appliqué de la même façon, produifit le même effet.
Quant à la méthode d'électrifer le verre négativement, elle fera expliquée ci-après.

Exp. 17. En approchant le doigt du côté convèxe, les balles s'éloignerent l'une de l'autre,
comme elles faifoient dans l'Expér. 13, et répétant cette approche, les balles s'éloignerent en-

L 3

core

core un peu, à moins que la pierre ne fût trop refroidie.

L'approche du doigt, fait donc écouler le fluide plus promptement de la pierre, que l'air qui l'environne ne le permet.

Exp. 18. En éloignant la *Tourmaline*, tant soit peu du bois, les balles s'approcherent l'une de l'autre, et continuerent à faire de même à mesure que la pierre étoit plus éloignée. Néanmoins elles étoient négativement électriques, encore que ce ne fût que foiblement.

Exp. 19. J'ôtai alors entiérement la pierre, et les balles s'éloignerent l'une de l'autre plus qu'elles n'avoient fait dans les expériences précédentes, et au lieu d'être alors négativement électriques, elles l'étoient positivement, car l'ambre les attiroit.

De ce que les balles s'éloignerent à une plus grande distance l'une de l'autre dans cette expérience-ci, que dans aucune autre de celles que j'ai produites jusqu'ici, et que le courant du fluide se porte pendant l'état naturel du côté négatif au côté positif, nous en tirons une autre preuve, que la résistance est moindre au côté négatif de la pierre. Et par cette raison, la tendance du fluide des balles vers la pierre, doit être plus grande, que quand le fluide tend de la pierre vers les balles. Mais il y a ici encore une résistance propre au bois, qui a été observée auparavant, dont il faut tenir compte, encore qu'elle soit la même dans chaque expérience. Non obstant cela, comme

la

la tendance du fluide eſt différente, quand différents côtés de la pierre ſont expoſés, il s'en doit
ſuivre une différence dans le dégré de l'accumulation du fluide. Par là nous voyons la raiſon, pourquoi en éloignant la pierre du bois , comme dans
cette derniére expérience, une plus grande quantité du fluide accumulée à dû entrer, que ſortir,
parceque les balles étoient poſitivement électriques.

Ayant taché d'expliquer ces trois différents états
de la *Tourmaline*, cauſés par différentes manières
de l'échauffer, je donnerai à préſent quelques autres expériences, qui regardent la *friction*, et je
les comparerai à d'autres expériences ſur des
corps du genre de verre et de la réſine, pour faire
voir juſqu'où elles s'accordent, et ſi les principes
avancés ici ſont conſtants et uniformes.

Ex p. 20. La *Tourmaline* étant de nouveau fixée
à un bâton de cire d'eſpagne, je frottai ſon côté
convèxe légèrement et une ſeule fois avec le
doigt, et je trouvai tous les deux côtés poſitivement électriques.

La *Tourmaline* ayant été miſe dans ſon état
naturel, de façon qu'elle étoit en même tems poſitivement et négativement électrique, je frottai
de la même manière le même côté, et alors auſſi
les deux côtés étoient poſitivement électriques.

En répétant ces deux derniéres expériences
avec le côté plan, au lieu du côté convèxe, la
Tourmaline étoit électrifiée de même des deux côtés

L 4

poſi-

poſitivement, avec cette différence pourtant, qu'elle l'étoit beaucoup plus, qu'auparavant.

Ceci donne une nouvelle preuve, que la réſiſtance eſt plus petite au côté plan, qu'au côté convèxe, et que le fluide paſſe par la pierre.

Et comme une friction ſi légere occaſionne une altération ſi ſenſible, nous ſommes par la ſuffiſamment prévenus, qu'il ne faut jamais toûcher la pierre, que quand l'expérience à faire nous y oblige. La même précaution doit êtré obſervée avec le verre, l'ambre, la ſoie etc.

Ces expériences me donnerent l'idée, d'en faire ſur le paneau de verre, mentionné ci devant, et voyant, que le fluide électrique paſſoit par le verre, et le rendoit électrique des deux cotés, j'eus envie d'eſſayer, ſi je le pourois électriſer négativement.

Exp. 21. Pour cet effet j'employai le même verre, et après l'avoir un peu chauffé, je le tins à la diſtance de 2 pieds du principal conducteur, qui étoit électriſé poſitivement. Par cette méthode, la partie du verre, qui étoit oppoſée au conducteur, devenoit négativement électrique des deux côtés, mais au delà, une conſiderable partie autour de l'endroit négativement électrique, étoit électrifiée poſitivement des deux côtés. Cet effet eſt de la même eſpèce, que celui, qui eſt mentionné dans l'Exp. 9. L'électricité négative quelques minutes après diſparut, et la poſitive ſe répandit à la place de la négative, de telle façon que le tout devint poſitivement électrique.

Exp. 22.

E x p. 22. Cette expérience ayant réuffi quant à cela, m'induifit à employer un morceau de verre plus petit, afin d'avoir le tout électrifé négativement.   En faifant l'expérience, elle réuffit conformement à mon attente.

Ces demarches me conduifirent à effayer la force d'électrifer fur cette piéce de verre et fur la *Tourmaline*, en différentes diftances.

E x p. 23. Je préfentai le petit morceau de verre au prémier conducteur, à la diftance de deux pieds, qui étoit la mème, que dans l'Expérience 21, et j'obfervai une électricité négative des deux côtés.

E x p. 24. Quand j'avançois le verre plus près jusqu'à une certaine diftance, il étoit plus fenfiblement électrifé, mais toûjours négativement, mais l'approchant encore plus, l'électricité négative s'affoibliffoit de plus en plus, jusqu'a à la diftance d'un pouce, ou les deux côtés étoient devenus pofitivement électriques.

Ces derniéres expériences donnent une preuve ultérieure de la perméabilité du verre.

E x p. 25. Je trouvai, que cette électricité pofitive dans le verre pouvoit êtré changée de nouveau en négative, en éloignant le verre, et le tenant pendant quelque tems à une plus grande diftance, ce qui donne une nouvelle preuve de la force repulfive de ce fluide.

E x p. 26. La *Tourmaline* donnoit les mêmes apparences dans les mêmes circonftances, à cette différence près, qu'elles étoient produites à de

L 5

plus

plus grandes diſtances que dans le verre; comme par exemple, l'électricité poſitive étoit produite dans la *Tourmaline* à la diſtance d'un pied, et plus.

De cette différence dans la force à différentes diſtances, je conclus que la *Tourmaline* réſiſte à l'entrée et à la ſortie du fluide électrique conſiderablement moins, que le verre, et même que l'ambre : car les diſtances requiſes pour produire des changemens en eux, étoient plus petites, que celles, qui en cauſoient dans la *Tourmaline*; et comme en expoſant, tant le verre que la *Tourmaline*, à un corps électriſé dans des diſtances conſiderables, ces corps deviennent négativement, et dans des diſtances plus petites poſitivement électriques, nous avons une preuve importante, que leurs loix générales ſont les mêmes, et que la *Tourmaline* ne diffère en rien des autres corps électriques par eux mêmes, qu'en ce, qu'elle s'électriſe par la chaleur. Et par rapport à cet effet remarquable, les expériences que je fis autrefois, ou je rendi des corps électriques par eux mêmes, non électriques, comme auſſi les curieuſes expériences de Mr. DELAVAL ſur des matières terreſtres, fourniſſent des exemples, que différents corps peuvent être changés, de façon que tantôt ils permettent au fluide électrique de paſſer par eux, tantôt ils ne le permettent pas, ſelon les différents dégrés de chaleur qu'on employe dans l'expérience.

Mais

Mais paſſons à nos obſervations ſur du verre taillé mat.

E x p. 27. Je frottai légèrement le côté brut d'un panneau de verre, dont un côté étoit taillé mat, et l'autre étoit poli, et les deux côtés du verre devenoient négativement électriques.

E x p. 28. Je traitai l'autre côté de la même façon, et l'électricité négative fût changée en poſitive des deux côtés.

Comme le même verre donnoit différents phénomènes, quand différents côtés étoient frottés, et qu'il n'y avoit point d'autre différence dans toutes les circonſtances de ces deux expériences, que celle des ſurfaces mêmes, l'une étant brute, et l'autre polie, il s'enſuit, que le pouvoir d'électriſer poſitivement ou négativement, ſe trouve dans un ſeul, et même fluide.

E x p. 29. J'eus alors la curioſité d'eſſayer, ſi je ne pourrois pas par le frottement rendre en même tems un côté de ce verre poſitivement, et l'autre côté négativement électrique. J'effectuai cela, après que les deux côtés furent devenus poſitivement électriques. Car frottant le côté mat du verre moins que le côté poli, le prémier devenoit négativement, et le ſeconde reſtoit. poſitivement électrique. Je frottai le côté mat moins que l'autre, parceque je ſavois par expérience, que du verre taillé mat éxige moins de force, pour être électrifié négativement, que le verre poli n'en éxige, pour être rendu poſitivement électrique. J'en conclus, que le medium, qui ſe trouve

à ces

à ces différentes furfaces, a une force différente, qui eſt moindre à la furface brute, comme NEW-TON l'a démont.é par rapport à la lumière qui tombe fur les furfaces polies ou mattes du verre.

Je me fouviens d'une obfervation de la même efpèce faite par Mr. SHORT à l'occafion d'un miroir de métal, derrière lequel étoit attaché un manche de bois, et qu'il faifoit échauffer. Ce miroir étoit placé proche d'un grand feu, la furface polie tournée vers le feu, et le miroir reſta plus d'une heure fans recevoir la moindre chaleur. La force donc par laquelle la chaleur eſt reflèchie, doit certainement être de la même nature, que celle, qui produifoit les boutons de lumière dans le vuide dans la prémiére expérience J'ai fouvent cherché à produire des changements dans cette force, pour me rendre plus familier avec fes loix d'agir, et entre autres tentatives, j'ai frotté des corps électriques par eux mêmes, contre d'autres auffi électriques.

E x p. 30. Le prémier eſſay fût avec la *Tourmaline* et l'ambre, ce qui produifit une électricité pofitive des deux côtés dans la pierre, et une électricité négative dans le fuccin ou l'ambre. J'électrifois après l'ambre pofitivement, et je l'approchai de la *Tourmaline*. Les deux côtés reſterent conſtamment pofitivement électriques, et même fi je frottois la *Tourmaline* contre l'ambre électrifée, la pierre reſtoit toûjours pofitivement électrique. Je frottai enfin la *Tourmaline* contre du verre, et non obſtant cela, la

Tourma-

Tourmaline étoit des deux côtés positivement, et le verre négativement électrique.

E x p. 31. Mais quand le verre étoit électrifié positivement, si on le tenoit alors proche de la *Tourmaline*, comme j'avois fait avec l'ambre, les deux côtés de la pierre devenoient négativement électriques.

Ces expériences semblent prouver, que, quand l'électricité est produite par le frottement de deux corps polis l'un contre l'autre, le corps le plus dur, et dont la force électrique est la plus grande, devient toûjours *positivement* électrique, et le moins dur le devient *négativement*. C'est par cette théorie, que j'ai eu le plaisir de Vous exposer, que je devenois curieux de voir, si on pouvoit électrifer la *Tourmaline* négativement par le frottement, ce que je n'avois pû effectuer jusqu'ici. Je me determinai pour un diamant brillanté pour faire cette expérience, comme le corps le plus dur et le plus électrique que je connoisse, et frottant la *Tourmaline* avec ce diamant, l'expérience réussit, car la *Tourmaline* devint des deux côtés négativement, et le diamant positivement électrique.

E x p. 32. Ayant réussi en cela, je frottai un verre contre un autre, et je trouvai qu'ils s'électrifierent mutuellement, l'un d'eux étant devenu positivement et l'autre négativement électrique.

E x p. 33. Deux morceaux d'ambre traités de la même manière, étoient aussi électrifiés l'un positivement et l'autre négativement.

Exp. 34.

E x p. 34. En frottant du verre contre de l'ambre, le verre devenoit pofitivement, et l'ambre négativement électrique.

E x p. 35. Deux *Tourmalines* étant frottées l'une contre l'autre, l'une devenoit pofitivement, et l'autre négativement électrique.

Par tout ce qui vient d'être dit, on voit, que quelque changement arrivoit dans le medium à leurs furfaces, autrement ces effets oppofés n'auroient pû arriver, et pour ce qui regarde des corps de la même efpèce, qui non obftant cela produifent des effets différents, il eft vraifemblable, qu'ils peuvent différer par rapport à leur dureté, le poli, ou leur force électrique.

Comme donc des corps électriques frottés contre d'autres corps électriques produifoient des phénomènes électriques, j'étois encouragé à effayer, quel feroit l'effet fi l'air étoit frotté, ou plûtot forcé contre des corps électriques. Car je fuppofai que les particules de l'air font environnées d'un medium de la même nature, que des corps plus grands, ce qui eft la caufe de leur elafticité.

E x p. 36. Pour effectuer cela, j'employai un foufflet ordinaire, et ayant approché la *Tourmaline* du bout du tuyeau, je trouvai, après qu'elle avoit reçu environ 20 bouffées, qu'elle étoit electrifée pofitivement des deux côtés.

L'air femble par conféquent être moins électrique que la *Tourmaline.*

E x p. 37.

E x p. 37. Au lieu de la *Tourmaline* j'approchai au tuyeau du foufflet un paneau de verre, et fouf- flai contre lui, autant de fois, que dans l'expérien- ce précédente. En éxaminant les deux côtés, je les trouvai de même électrifés pofitivement, dans un moindre dégré pourtant, que la *Tourmaline*.

E x p. 38. L'ambre traitée de la mème façon, étoit électrifée moins que le verre.

E x p. 39. J'employai après un foufflet de for- ge. La feule différence qu'il produifit fût, que la *Tourmaline* devint beaucoup plus fortement éle- ctrique. L'ambre étoit toûjours plus foiblement électrique que le verre, et le verre plus foiblement que la *Tourmaline*.

Ayant toûjours en vuë le medium aux furfa- ces des particules de l'air, je confiderai, que la chaleur devoit raréfier ce medium, ce qui dimi- nuant fa refiftance, l'air devoit rendre plus prom- ptement le fluide électrique, et par conféquent électrifér plus fortement.

E x p. 40. Le tuyeau du foufflet étant échauffé jusqu'à devenir rouge, je foufflai contre la *Tour- maline* 12 fois feulement, ce qui faifoit 8 bouffées moins, que dans les expériences précédentes. La *Tourmaline* fût alors de même électrifée pofiti- vement des deux côtés, mais à un dégré plus con- fidérable, que dans l'expérience 36 et 39. L'air chaud avoit le même effet fur du verre, mais il l'électrifoit moins que la *Tourmaline*, et pour l'ambre, encore qu'il fût tout de mème comme les autres corps plus fortement électrifé par ce

procé-

procédé, pourtant il l'étoit toûjours plus foiblement que les autres.

De ce que l'air électrific plus fortement étant
échauffé, que froid; et que la *Tourmaline* s'électrife plus que le verre, et le verre, plus que l'ambre, il femble qu'on puiffe tirer une preuve, que
dans toute l'atmofphère il y a conftamment un
courant du fluide électrique, produit par les changemens alternatifs de la chaleur et du froid, et
encore, que l'air eft non feulement moins électrique que la *Tourmaline*, mais auffi moins que
le verre, et que l'ambre même.

E x p. 41. Quand la *Tourmaline* avoit reçu le
même nombre de bouffées contre fon côté plan,
tandis que mon doigt toûchoit le côté convèxe, il
refultoit d'autres phénomènes, le côté plan étant
électrifé pofitivement, et le côté convèxe négativement. Peu de tems après les deux côtés étoient
pofitivement électriques, et encore quelque tems
après la pierre recouvra fon état naturel, le côté
plan étant négativement, et le côté convèxe pofitivement électrique.

Ce qui fembloit principalement remarquable
dans cette expérience, étoit, que l'état intermédiaire de la pierre étoit d'être pofitivement électrique des deux côtés. Mais nous n'en fommes
pas furpris, en confiderant, qu'il y avoit deux
caufes pour produire ces effets, dont la prémiére
étoit la chaleur, qui mettoit la pierre dans l'état
contraire à fon état naturel. (comme Mr. Aepinus l'avoit obfervé auparavant) Car par le re-
froi-

froidiſſement la pierre devoit recouvrer ſon état
naturel, ce qui devoit produire différentes phénomènes.

Mais la ſeconde cauſe, qui rendoit poſitivement électriques les deux côtés, pendant que la
pierre étoit dans l'état intermédiaire (ou neutre,
comme Mr. Aepinus l'appelle) étoit, qu'alors
les éffets de l'air même prenoient place, et éle-
ctriſoient les deux côtés poſitivement, de même,
que cela étoit arrivé dans l'Expérience 35.

Exp. 42. Le côté convèxe étant après préſenté au ſoufflet de la même façon, je lui donnai un
pareil nombre de bouffées. Les deux côtés devenoient dans cette expérience pareillement poſitivement électriques; mais dans un moindre dégré
que dans la précédente. Quelque tems après la
pierre retourna dans ſon état naturel, donnant en
même tems des apparences, de l'électricité poſitive et négative.

Cette propriété de l'air, d'électriſer le verre,
l'ambre etc. ſemble fort propre à fournir une explication fort probable d'une expérience, que j'ai
vue en France, faite par Mr. le Monnier, qui
me fit voir à *St. Germain en Laye*, trois ou quatre
long fils d'archal, qu'il avoit ſuſpendus horizontalement depuis le palais jusqu' à ſon apartement,
élevés à plus de 30 pieds, pour obſerver les effets
électriques, pendant les tonnéres, et un tems
couvert. (Mon ami, l'Abbé Mazeas a fait la
même expérience; et il l'a communiquée à la Société Royale.) Ces fils d'archal devenoient fort ſou-

M

vent

vent foiblement électriques, même quand le jour
étoit clair, et qu'il n'y avoit pas la moindre apparence de nuages. Cet effet, ne pouvoit-il par
conféquent devoir fon origine au frottement de
l'air, contre les fils d'archal?

En confiderant tout cela, et ce que les derniéres expériences nous ont appris fur les différents effets produits par l'air chaud ou froid, il
femble probable, que plufieurs des operations furprenantes de la nature tirent leur origine, d'un
flux et reflux continuel de la matière électrique.
Et fi c'eft une obfervation vraie, que l'air fec pendant des tempêtes et orages donne fouvent la
nuit une forte de foible lumière, femblable à celle
qu'on voit dans un récipient vuide d'air, à travers
lequel paffe le fluide électrique, et que cela produit une clarté plus générale du ciel, qu'il n'y en
auroit fans une pareille violente agitation; fi cette
obfervation eft jufte, dis-je, il eft raifonnable de
fuppofer, qu'un flux du fluide électrique dans l'air
eft la caufe de telles apparences, parceque nos
bouffées artificielles produifent les phénomènes
électriques, dont je viens de faire mention.

Il refte encore à éxaminer, fi la *Tourmaline*
eft difpofée par fa nature, à permettre que le
fluide électrique paffe par elle feulement dans une
direction, comme la force magnétique paffe par
l'aimant, ou s'il eft indifférent, quelle direction
la matière électrique prenne.

E x p. 43. En éxaminant une *Tourmaline* platte
des deux côtés, et polie, excepté aux coins, un
des

des bords étoit positivement, et le coin opposé négativement électrique, de façon, qu'une ligne tirée de la partie positive, par le milieu de la pierre vers le côté opposé, passoit par la partie né- gative.

E x p. 44. Deux *Tourmalines* plus petites, plattes et polies comme celle, dont je viens de parler, donnoient les mêmes apparences.

E x p. 45. Une autre *Tourmaline*, qui étoit aussi platte, mais qui n'étoit pas polie, donnoit un qua- trieme éxemple de cette espèce.

E x p. 46. Je fis polir la prémiére de ces *Tour- malines* aux bords, comme elle l'étoit aux surfaces, pour voir si cela pourroit causer quelque change- ment, mais je trouvai, qu'elle conservoit toûjours son état précédent.

E x p. 47. Je fis la même expérience sur une autre *Tourmaline*, qui n'étoit pas polie comme l'autre.

E x p. 48. Je rendis après cela, avec un peu d'émeril, le coin positif de nouveau mat, laissant tout le reste poli, mais je ne pus m'appercevoir, que cela eut fait le moindre changement. J'essayai la même chose sur l'autre *Tourmaline* polie, sans trouver la moindre différence.

E x p. 49. Quant à la petite *Tourmaline*, qui est platte d'un côté et un peu convèxe de l'autre, que Vous avez observé d'être fort bonne, elle est posi- tive du côté plat, mais négative du côté convèxe, ce qui est le rebours de la grande *Tourmaline*, dé- crite au commencement de cette lettre.

M 2

Exp.

Exp. 50. J'eus occasion, d'essayer une autre *Tourmaline*, qui est celle qui se trouvoit alors dans le *Britisch Museum*, qui me donnoit un nouvel exemple de la disposition particuliere de cette pierre. La *Tourmaline* dont je parle, est platte d'un côté, et concave de l'autre, avec un petit bord plat à l'entour. Elle a été quarrée, mais un des coins en est cassé. En l'examinant, la partie cassée étoit positive, et le coin opposé négatif, de façon qu'ici le courant électrique passoit par la pierre en ligne diagonale.

Exp. 51. Je graissai toutes ces *Tourmalines*, excepté celle du *Britisch Museum*, et pendant qu'elles étoient encore assez chaudes pour tenir la graisse liquide, j'examinai chaque *Tourmaline* séparément, mais je ne trouvai aucune alteration dans la vertu de la pierre, excepté qu'elle en étoit un peu affoiblie; encore qu'il soit bien connu, que l'humidité, de quelle espèce qu'elle soit, sert de conducteur au fluide électrique. Si donc la *Tourmaline* n'avoit pas une sorte d'électricité fixe, l'électricité positive et négative, qui se trouvent aux deux côtés de la pierre, auroient dû se réunir par ce procedé, et s'être detruits mutuellement, et le côté positif auroit fourni autant de fluide, qu'il en manquoit au côté négatif, pour retablir l'équilibre.

Enfin, toutes ces expériences prouvent fort clairement, que la *Tourmaline* laisse passer le fluide électrique dans une seule direction, et en cela elle a une grande ressemblance avec l'aimant. Et

comme

comme l'aimant perd fa vertu, étant chauffée jusqu'à devenir rouge, j'avois envie de voir, quel feroit le fuccès du même procedé dans la *Tourmaline*.

Ex p. 52. Je mis pour cet effet, une des *Tourmalines* plattes dans un grand feu, pendant une
demie heure, mais je ne trouvai pas le moindre
changement. Je fis la même expérience, avec le
même fuccès fur une autre *Tourmaline*.

Ex p. 53. En dernier lieu, j'échauffai la pierre
encore une fois, et quand elle fût rouge, je la
jettai dans de l'eau. Par ce procedé la vertu de
la *Tourmaline* fût entiérement détruite, et il fembloit, qu'elle fût fendue dans plufieurs endroits,
fans pourtant qu'elle fût caffée.

Quant à la conformation intérieure de la
Tourmaline nous n'en pouvons rien dire. Cependant mes expériences m'ont appris, 1) qu'il y a
trois différentes méthodes d'échauffer la *Tourmaline*, qui produifent différents phénomènes électriques, 2) que différents dégrés de chaleur produifent différents phénomènes, 3) que le frottement
a le même effet fur elle, que fur le verre, et 4)
que la *Tourmaline*, quand elle eft échauffée d'une
manière convenable, permet au courant du fluide
électrique de paffer par elle dans une feule direction, de façon que la *Tourmaline* a, pour ainfi dire,
deux poles électriques, qui ne peuvent pas facilement être changés ou détruits, et encore 5) qu'il
n'y a aucune matière connue, par la quelle le
fluide électrique ne puiffe paffer facilement, et

M 3

que,

que 6) il femble qu'il y a dans tous les corps, autant dans l'air que dans le vuide, un flux et reflux
continuel de la matière électrique, occafionné par
les changemens alternatifs du froid et de la chaleur dans chaque partie du globe terreftre. Tout
cela me confirme beaucoup dans l'opinion, que
j'embraffai auparavant, et que je tachai de prouver par des expériences, que le fluide électrique
eft repandu par tout le globe de la terre, et l'air
qui l'environne.

Je laiffe à d'autres qui peuvent efperer plus
de fuccès dans leurs recherches, à déterminer
quelle influence peut avoir ce flux de la matière
électrique, fur les opérations ordinaires de la nature, en confervant ce mouvement, qui femble
fi neceffaire dans les différentes parties de cette
grande machine.

Par ces progrès, nous fommes auffi arrivés
à une connoiffance plus certaine de ce medium,
qui femble environner les furfaces de tous les
corps, et qui produit différents effets, quand le
fluide électrique (ou *l'aether*, fi vous voulez) entre ou fort d'un corps, felon fa denfité plus ou
moin grande, ou felon une plus grande ou
moindre réfiftance, qu'il exerce. Et fi ce n'étoit
par le moyen de ce medium qui environne tous
les corps, je doute fort, que le fluide électrique
pût être ou accumulé, ou retenu, dans quelque
corps, quel qu'il foit.

Ce principe eft fort fimple, et femble être
d'une nature générale. Nôtre grand Philofophe

l'a

f'a adopté par plufieurs expériences. Il a fuppofé, que les phénomènes admirables de la nature, principalement ceux de la lumière, ne fe pouvoient expliquer fans lui, et par cette raifon il n'a pas héfité de le propofer, comme un principe, qui mérite d'être plus foigneufement éxaminé.

Je croirai mon tems bien employé, fi par ces recherches, j'ai contribué quelque chofe à montrer, combien nous fommes redevables à cet heureux interprète de la nature, et fi j'ai fourni une nouvelle occafion d'admirer et d'adorer la premiere caufe du tout, par les lumières que nous fourniffent fes travaux. Mais quel que foit le fuccès de mes travaux, ils ont été au moins accompagnés d'une fatisfaction, qui n'augmente pas peu l'empreffement que j'ai toûjours eu pour des recherches de cette efpèce. Je fuis

Monfieur

à Londres,
le 9. Novemb.
1759.

Vôtre très-humble et très-obéiffant
Serviteur

BENJAMIN WILSON.

M 4

REMAR.

REMARQUES

fur la Lettre de Mr. WILSON à Mr. HEBERDEN et fur fes Expériences fur la Tourmaline par Mr. AEPINUS.

Il y a long tems, que Mr. WILSON s'eft fait connoître avantageufement, par un grand nombre d'expériences électriques très remarquables. Il foutient parfaitement l'éftime qu'il s'étoit acquife, par l'écrit dont nous parlons, qui, quelque remarquable qu'il puiffe être aux Phyficiens, m'intereffe plus qu'aucun autre. Je fuis entierement convaincu de la vérité de mes découvertes fur la *Tourmaline*, mais je ne fuis pas fur, fi tous les Phyficiens, qui voudroient repeter mes expériences, font affez exercés, et favent affez bien la manière, d'y proceder, pour y réuffir. Il me doit donc être extremement agréable, fi des favans, dont l'habilité dans ces fortes d'expériences eft généralement reconnue, atteftent la juftelle de ce que j'ai avancé, comme Mr. WILSON m'a fait cet honneur. C'eft le feul moyen de me mettre à l'abri des attaques, des obfervateurs peu exacts, qui ne manqueront pas de rendre fufpectes mes découvertes.

Mr. WILSON me permettra, que je donne ici quelques remarques fur le contenu de fa Lettre. Il a lui même exigé, en quelque façon, de moi,

que

que j'expofaffe mon fentiment fur l'imperméabilité du verre, et outre cela il me femble néceffaire,
de faire connoître mes fentimens, fur différents
paffages de fon écrit, comme auffi fur quelques
unes de fes expériences. Je m'en acquiterai en
favant, qui aime la vérité, et qui reconnoît la prévention pour quelque fyfteme, (défaut fi familier
parmi les favans,) pour une tache tout à fait hon-
teufe.

Mr. WILSON reconnoît de même que moi,
l'exiftence de deux efpèces d'électricité, dont l'u-
ne confifte dans l'augmentation, et l'autre dans la
diminution, de la quantité naturelle du fluide électrique. C'eft une queftion qui doit intereffer
chaque Phyficien, de demêler, quelle de deux
électricités, ou la vitrée, ou la réfineufe de Mr.
DU FAY, eft la pofitive, et quelle en eft la négative? Quant à moi j'ai declaré, il y a long tems,
dans mon *Sermo de fimilitudine Electricitatis et
Magnetismi*, que je ne connois aucune expérience,
propre à decider cette queftion. Je fuis maintenant encore du même fentiment, car la belle
expérience de Mylord CHARLES CAVENDISH,
rapportée ici et perfectionnée par Mr. WILSON,
me femble laiffer pareillement la chofe indécife.

Quant à l'oppofition des deux efpèces d'électricité, je conviens qu'elle eft fort clairement
prouvée par l'expérience de Mr. WILSON, et par
ce phénomène, que la lumière électrique eft
beaucoup plus vive qu'ailleurs dans le vuide, aux
furfaces fupérieures des colomnes du mercure,
(jufqu'à y former comme des boutons de lumière)

M 5

quand

quand on électrife avec un tuyeau de verre ; et que ces boutons fe trouvent au contraire aux furfaces inférieures du vif argent, quand on fe fert d'un bâton de cire d'Efpagne ou de fouffre. Mais felon moi c'eft tout ce qu'on en peut conclure. Voila comme je raifonnerois, fi j'avois envie de difputer contre Mr. WILSON. Il eft facile de concevoir, que, quand un fluide (et fur tout un fluide élaftique, ou dont les parties fe repouffent mutuellement) fort d'un corps, le fluide, dis-je, doit être plus denfe proche de la furface d'où il fort, que là, où il trouve plus de liberté de fe répandre. La furface donc, proche de la quelle la lumière électrique eft la plus vive, doit être celle, de la quelle fort le fluide, qui caufe ces apparences lumineufes.

Ces raifonnemens, n'ont ils pas autant de probabilité, que ceux de Mr. WILSON? Mais ne prouvent-ils pas directement le contraire de ce que Mr. WILSON à avancé ? Ne prouvent-ils pas, dis-je, que l'électricité réfineufe eft la même que la pofitive, et la vitrée la même que la négative?

Pour dire le vrai, le raifonnement dont je me fuis fervi, me femble presque avoir plus de vraifemblance, que celui de Mr. WILSON. Il eft inconteftable, que la matière électrique entre très librement, et fans éprouver une réfiftance confiderable dans les metaux et autres corps non électriques, comme je le prouverai clairement tout à l'heure. Le raifonnement de Mr. WILSON femble par confequent, être fondé, fur une hypothèfe gratuitement admife, favoir, que la
matière

matière électrique s'accumule à la furface du vif argent, parcequ'elle n'y peut entrer librement.

Je ne pretends pourtant pas prouver par tout cela, qu'effectivement l'électricité réfineufe foit la même que la pofitive, et la vitiée au contraire la même que la négative. Mon unique but eft, de faire comprendre, que cette hypothèfe eft au moins auffi probable, que celle, pour laquelle Mr. WILSON s'eft déclaré.

Je me tourne vers un autre objet, fur lequel, il me femble, que Mr. WILSON a eu envie de favoir mon fentiment. C'eft la queftion de l'imperméabilité du verre. On peut bien favoir par mon livre: *Tentamen Theoriae Electricitatis et Magnetismi,* ce que j'en penfe, et que bien que je tombe d'accord avec Mr. FRANCKLIN, de l'exiftence de cette imperméabilité, je différe pourtant beaucoup de lui, par rapport à plufieurs autres points. Il ne feroit donc pas à la vérité néceffaire, d'expofer ici de nouveau mon fentiment, néanmoins je me charge de ce travail, pour ne laiffer rien à défirer à ceux qui liront ce Recueil.

Qu'on fufpende un fil de fer ou d'archal, quelque long qu'il foit, à des fils de foye, et qu'on en électrife un bout par le moyen d'un tuyeau de verre, ou d'un bâton de cire d'efpagne. Dans moins d'un clein d'oeil non feulement le bout qu'on électrife, devient électrique, mais auffi le fil entier le fera d'un bout à l'autre, et le fera partout également. Qu'on touche après l'un des bouts, et l'électricité fera détruite dans tout le fil, d'un bout à l'autre, avec la même viteffe, qu'elle avoit été produite.

Qu'on

Qu'on fufpende au contraire de la même façon un tube de verre bien fec, ou un cilindre de
cire d'efpagne ou de fouffre, et qu'on le traite de
la même manière. Le fuccès en fera tout à fait
différent. Ce n'eft pas le cilindre entier, qui devient alors électrique dans un inftant, mais feulement une partie de la longueur de quelques
pouces, ou d'un pied tout au plus, acquiert cette
force, et il faut travailler fort long tems, fi on
veut améner les chofes, au point d'en rendre électrique une partie d'une longueur un peu confiderable. Qu'on touche après la partie électrifée
du tuyeau, et l'électricité ne fera détruite, ni dans
un inftant, ni dans le tuyeau entier, comme dans
l'expérience précédente. Au contraire, encore que
l'endroit touché perde fon électricité, il n'en fera
de même, des parties tout proches, qui conferve-
ront plutôt leur électricité pendant fort long tems.

J'en tire la conclufion: *que la matière électrique, traverfe les metaux ou d'autres corps non électriques et fe diftribue en eux fort facilement et fort
rapidement, mais qu'au contraire elle paffe par le
verre, la cire d'efpagne, et d'autres corps électriques
par eux mêmes beaucoup plus difficilement et plus lentement.* Cette regle ne doit pas être prife pour une
hypothèfe. C'eft une loi, prife immédiatement
et d'une manière inconteftable, de l'expérience.

Cette propriété des corps électriques par eux
mêmes, eft felon moi la même que celle, que
Francklin a appellée d'un autre nom, *imperméabilité*. Au moins, je ne fais confifter l'imperméabilité en rien autre chofe, qu'en cela.

La

La façon, dont je m'explique ici fur l'imperméabilité, ne pourra, à ce que je crois, déplaire
à Mr. WILSON, et j'efpere même, que non feulement lui, mais auffi d'autres Phyficiens, qui font
au fait des expériences électriques, m'accorderont
facilement, que je n'avance rien, qui ne foit inconteftable, quand j'attribue aux corps électriques
par eux mêmes, la propriété, d'ètre imperméa-
bles au fluide électrique, dans le fens, dont je me
fuis expliqué ici fur ce point.   A tout ce, que
Mr. FRANCKLIN peut avoir écrit ou avancé d'ailleurs, touchant l'imperméabilité, je ne prends aucune part.

L'expérience que Mr. WILSON a faite fur
un paneau de verre, ou, quand il frottoit un endroit de l'un des côtés, l'endroit oppofé devenoit
pareillement pofitivement électrique, ne prouve
rien contre l'imperméabilité prife dans le fens,
que je donne à ce mot.   La matière électrique ne
paffe en aucune façon dans ce cas-ci par le verre.
J'ai montré diftinctement, dans mon fecond Mémoire contenu dans ce Récueil, pag. 55. la caufe,
pourquoi l'endroit oppofé à l'endroit frotté, devient pofitivement électrique, et j'y renvoye mes
lecteurs.

Que la matière électrique ne penetre èffe-
ctivement le verre, que fort difficilement, cela
peut être inconteftablement prouvé par l'expérience de Mr. WILSON même; fi on y change feulement quelques circonftances.   Qu'on frotte l'un
des côtés, mais qu'on toûche avec les doigts pendant le frottement l'endroit oppofé.   L'endroit
frotté

frotté devient alors pofitivement électrique, et
l'endroit oppofé qui a été toûché du doigt, le devient négativement, et cet état du paneau de verre
fe conferve pendant un tems confiderable, pourvû que l'air ne foit pas humide.   Mais feroit il
poffible que cet état put fe conferver un feul moment, fi le fluide électrique ne trouvoit point de
difficulté à traverfer le verre? Ne devroit il pas
paffer rapidement au travers du verre, du côté
pofitivement électrique à l'endroit oppofé négativement électrique; et alors, l'électricité négative,
ne feroit-elle pas dans un inftant detruite?

Les expériences, qui montrent, que le verre
peut être rendu négativement électrique, font
peut-être propres à prouver quelque chofe contre
Mr. FRANCKLIN, mais point du tout contre moi.
De la manière, que je m'explique fur l'imperméabilité, le verre peut recevoir indifféremment, ou
l'électricité pofitive, ou la négative, ou toutes les
deux en même tems.   J'en conviens, pourvû
qu'on m'accorde, que tant l'une que l'autre de
ces électricités fe diftribue plus difficilement et
plus lentement par le verre, que par des corps
non électriques par eux mêmes.

Au refte j'ai connu depuis long tems des
expériences, ou le verre devient négativement
électrique.   Mr. WILSON s'en pourra convaincre
par mon fecond Mémoire; car toutes les expériences, que j'y ai detaillées ont été faites à Berlin au commencement de l'année 1757, et je les aurois publiées
en même tems avec mes découvertes fur la *Tourmaline*, fi mon départ de Berlin ne m'en eut empêché.

Je'

Je viens aux expériences de Mr. WILSON. La premiére et la seconde s'accordent tout à fait avec mes découvertes. Il n'en est pas de même, de celles qui suivent, depuis la troisieme jusqu'à la huitieme, qui demandent d'être discutées avec plus de soin.

J'ai établi comme une loi constante, de l'électricité de la Tourmaline: *Que cette pierre est toûjours dans l'état contraire (c'est à dire, que son côté positif, est négativement électrique, et le côté négatif l'est positivement) quand un de ses côtés, quel qu'il soit, est plus chaud que l'autre; et qu'elle ne retourne dans son état naturel, qu'après que la chaleur s'est distribuée uniformement en elle.* Par les expériences de Mr. WILSON au contraire, il faut établir une regle tout à fait différente, savoir: *Que la Tourmaline, quand elle est chauffée inégalement, des deux côtés, a l'espèce d'électricité, qui est naturelle au côté le plus chaud (c'est à dire, que la Tourmaline est positivemeut électrique des deux côtés, quand c'est le côté positif, qui est le plus chaud; et qu'elle l'est négativement, quand c'est le côté nigatif, qui est le plus chaud) mais qu'elle retourne dans son état naturel, quand la chaleur s'est répandue uniformement.* Cette regle ne s'accorde en aucune façon, avec celle que j'avois avancée.

Encore que je fusse tout à fait convaincû de la justesse de mes assertions, et de leur parfaite conformité avec l'expérience, je ne pouvois pourtant que fort difficilement me resoudre, à douter de l'exactitude des expériences faites par un aussi habile Observateur, que Mr. WILSON.

J'a

J'ai donc mieux aimé supposer, qu'il y avoit, dans la manière, dont Mr. Wilson et moi avions procedé dans ces expériences, quelque différence, qui pût être la cause de la différence qui se trouve dans nos résultats. Je croyois à la vérité de trouver facilement une circonstance sur laquelle on pût fonder quelque soupçon. C'est que moi j'avois toûjours posé la *Tourmaline*, ou sur un charbon ardent, ou sur une plaque de metal ou de verre échauffée, de façon, que l'un des côtés de la pierre, avoit toûjours touché à quelque corps. Mr. Wilson au contraire, en échauffant la *Tourmaline*, y a procedé tellement que la pierre n'a jamais touché à quelque corps. Voilà une circonstance, qui semble assez importante, pour avoir pû causer une différence sensible. C'étoit à l'expérience d'en décider.

C'est elle qui me force et m'autorise à declarer, que la regle, que j'ai avancée, est la seule, qui lui soit conforme. J'ai échauffé la *Tourmaline* de la même manière que Mr. Wilson, et j'ai pris garde, qu'elle ne toûchat à rien, mais pour le resultat, je l'ai, non obstant cela, *toûjours* trouvé conforme à ma regle, et *pas une seule fois* à celle de Mr. Wilson.

Je le repete encore; il m'est extrèmement difficile, de supposer, que Mr. Wilson soit tombé ici dans une méprise, néanmoins je suis convaincu, que de ma part, il n'y a assurement, aucune faute. Ainsi je ne fais qu'en juger.

Les

Les expériences fuivantes de Mr. WILSON, et les conclufions, qu'il en tire, m'entraineroient, fi je les voulois difcuter, dans une difpute fur la théorie des phénomènes électriques. Mon but unique etant ici de conftater la juftefse de mes découvertes, je n'ai rien de plus a y joindre.